公共租赁住房小区智能化系统设计图集

住房和城乡建设部住房保障司	支　持
上海市住房保障和房屋管理局	
北京市住房保障办公室	
天津市国土资源和房屋管理局	
中国房地产研究会住房保障和公共住房政策委员会	主　编
浙江达峰科技有限公司	副主编
北京世国建筑工程研究中心	参　编
杭州竞达电子有限公司	
天津财经大学房地产经济研究所	
中国智慧社区产业联盟	

U0283309

中国建筑工业出版社

图书在版编目（CIP）数据

公共租赁住房小区智能化系统设计图集/中国房地产研究会住房保障和公共住房
政策委员会主编 .—北京：中国建筑工业出版社，2014.12
ISBN 978-7-112-17123-1

Ⅰ.①公…　Ⅱ.①中…　Ⅲ.①居住区-智能系统-系统设计-图集　Ⅳ.①TU855-64

中国版本图书馆 CIP 数据核字(2014)第 166509 号

责任编辑：刘　江　张　磊

责任设计：张　虹

责任校对：姜小莲　赵　颖

公共租赁住房小区智能化系统设计图集

住房和城乡建设部住房保障司　　　　　　　　　　支　持
上海市住房保障和房屋管理局
北京市住房保障办公室
天津市国土资源和房屋管理局
中国房地产研究会住房保障和公共住房政策委员会　主　编
浙江达峰科技有限公司　　　　　　　　　　　　　副主编
北京世国建筑工程研究中心　　　　　　　　　　　参　编
杭州竞达电子有限公司
天津财经大学房地产经济研究所
中国智慧社区产业联盟
　＊
中国建筑工业出版社出版、发行（北京西郊百万庄）
各地新华书店、建筑书店经销
北京红光制版公司制版
北京建筑工业印刷厂印刷
　＊
开本：787×1092 毫米　横 1/16　印张：4¼　字数：104 千字
2014 年 8 月第一版　　2014 年 8 月第一次印刷
定价：**20.00** 元
ISBN 978-7-112-17123-1
　　　（25876）

《公共租赁住房小区智能化系统设计图集》编委会

支 持 单 位：住房和城乡建设部住房保障司
　　　　　　上海市住房保障和房屋管理局
　　　　　　北京市住房保障办公室
　　　　　　天津市国土资源和房屋管理局
主 编 单 位：中国房地产研究会住房保障和公共住房政策委员会
副主编单位：浙江达峰科技有限公司
参 编 单 位：北京世国建筑工程研究中心
　　　　　　杭州竞达电子有限公司
　　　　　　天津财经大学房地产经济研究所
　　　　　　中国智慧社区产业联盟
顾　　　问：庞　元　邹劲松　许　南
主 任 委 员：赵路兴
副主任委员：徐昌国　梁津民
主要编制人：朱立彤　李日根　席　科　谷俊青　许雄飞　林咸和　夏子清　周兴明
　　　　　　姜艳霞　鞠树森　张锡明　刘　鹏　崔志林　王　敬　孙光波
审 查 人：张公忠　柴　杰　李雪佩　陈　昕　刘　璇　徐和春　虞惊波

目　　录

图名	目　　录	图集号 13BZW01

编 制 说 明

一、编制依据

1.《民用建筑电气设计规范》　　　　　JGJ 16
2.《住宅建筑电气设计规范》　　　　　JGJ 242
3.《智能建筑设计标准》　　　　　　　GB/T 50314
4.《安全防范工程技术规范》　　　　　GB 50348
5.《入侵报警系统工程设计规范》　　　GB 50394
6.《视频安防监控系统工程设计规范》　GB 50395
7.《出入口控制系统工程设计规范》　　GB 50396
8.《综合布线系统工程设计规范》　　　GB 50311
9.《有线电视系统工程技术规范》　　　GB 50200
10.《智能建筑工程质量验收规范》　　　GB 50339
11.《住宅区和住宅建筑内光纤到户通信
　　设施工程设计规范》　　　　　　　GB 50846
12.《民用建筑绿色设计规范》　　　　　JGJ/T 229
13.《住宅远传抄表系统》　　　　　　　JG/T 162
14.《公共租赁住房智能化系统建设导则》

二、编制目的

为适应公共租赁住宅建设的需要，满足管理功能，合理配置智能化设施，保证工程质量，编制本图集。

三、基本内容

1. 本图集包括通用和专用资料两部分，通用部分为智能化系统的基本功能，专用资料为相关设备设施的类型、功能及应用方法。

2. 公共租赁住宅小区智能化系统应包括居住人员管理系统、通信网络系统、公共安全系统、设备管理系统、物业管理与智能化集成系统。

3. 智能化系统的服务范围为：小区物业管理中心、小区室外公共场所、住宅楼内公共场所、住宅套（室）内的智能化系统设施。

4. 图集包括：公共租赁住宅小区智能化系统框架图、功能示意图、各子系统的结构原理图；各子系统常用设备设施的系统图；设备机房布置图；系统解决方案。

四、编制原则

1. 满足公共租赁住宅小区的管理要求，与产品制造商系统沟通开发研制简单、实用、有效的居住人员管理系统设备。

2. 满足公共租赁住宅小区住户的生活需求，对配置的智能化设施应适应国家经济发展和人们生活水平的提高，本着经济、适用的原则考虑系统的可扩展性和连续性。

3. 满足公共租赁住宅小区不同住户的不同需求，除确保统一的基本的智能化功能外，在系统配置、功能设定、服务方式等方面，应可以根据租户要求做一定的调节和增删。

4. 汇编技术先进、安全、可靠、经济实用的智能化产品、设备设施及其应用方法，提高公共租赁住宅的科技含量，营造安全、舒适的居住环境，并促进相关产品技术的发展。

图名	目　　录	图集号 13BZW01

序号	符号	名 称	序号	符号	名 称
1	HD	家居配线箱	13		二分配器
2	TD	信息网络插座	14		三分配器
3	TP	电话插座	15		读卡器
4		配线架（含跳线连接）	16	EL	电控锁
5	LIU	光纤连接盘（系统图）	17		电锁按键
6	SW	网络交换机	18		门磁开关
7	TV	电视插座	19		访客对讲系统主机
8		双向支线放大器	20		对讲电话分机
9		双向分配放大器	21		可视对讲分机
10		四分支器	22		求助报警按钮
11		六分支器	23		整流器
12		分配器	24	Wh	远传电能表

图名	图形和文字符号（一）	图集号 13BZW01

序号	符 号	名 称	序号	符 号	名 称
25	Wh	无线远传电能表	37	▷ AP	功率放大器
26	WM	远传水表	38		扬声器箱、音箱、声柱
27	WM	无线远传水表	39		扬声器
28	GM	远传燃气表	40		监听器
29	GM	无线远传燃气表	41	S	感烟探测器
30	HM	远传热量表	42		可燃气体探测器
31	HM	无线远传热量表	43	STB	机顶盒
32		摄像机	44		光纤或光缆
33	R	带云台球形摄像机	45	ONU	光网络单元
34	IP	网络摄像机	46	GPRS	通用分组无线服务技术
35	IP	带云台球型网络摄像机	47	CDMA	码分多址无线服务技术
36	Y	天线	48	IPTV	交互式网络电视

图名	图形和文字符号（二）	图集号 13BZW01

7

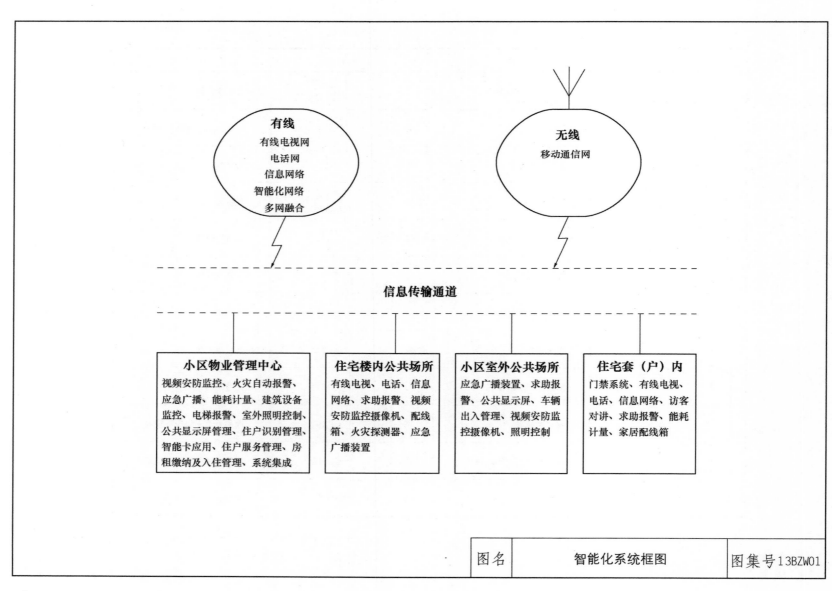

有线

有线电视网

电话网

信息网络

智能化网络

多网融合

无线

移动通信网

信息传输通道

小区物业管理中心

视频安防监控、火灾自动报警、应急广播、能耗计量、建筑设备监控、电梯报警、室外照明控制、公共显示屏管理、住户识别管理、智能卡应用、住户服务管理、房租缴纳及入住管理、系统集成

住宅楼内公共场所

有线电视、电话、信息网络、求助报警、视频安防监控摄像机、配线箱、火灾探测器、应急广播装置

小区室外公共场所

应急广播装置、求助报警、公共显示屏、车辆出入管理、视频安防监控摄像机、照明控制

住宅套（户）内

门禁系统、有线电视、电话、信息网络、访客对讲、求助报警、能耗计量、家居配线箱

图名	智能化系统框图	图集号 13BZW01

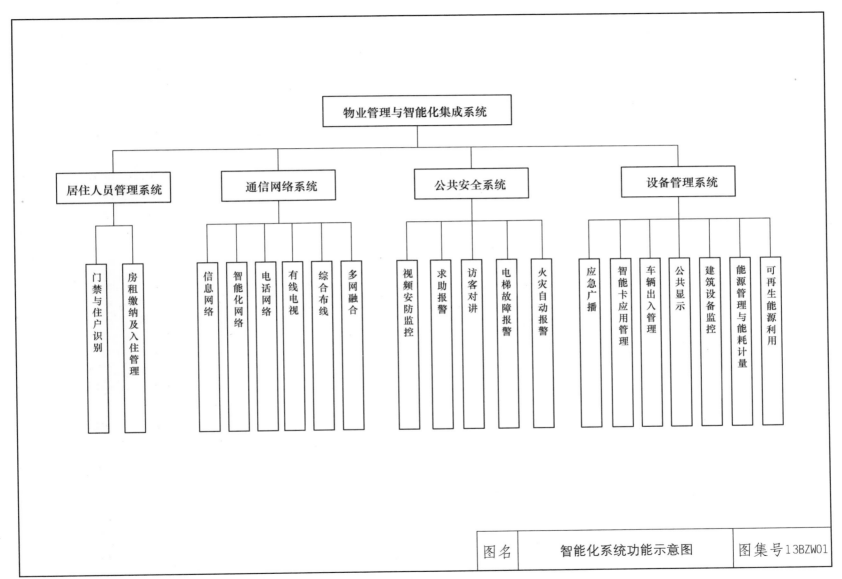

| 图名 | 智能化系统功能示意图 | 图集号 | 13BZW01 |

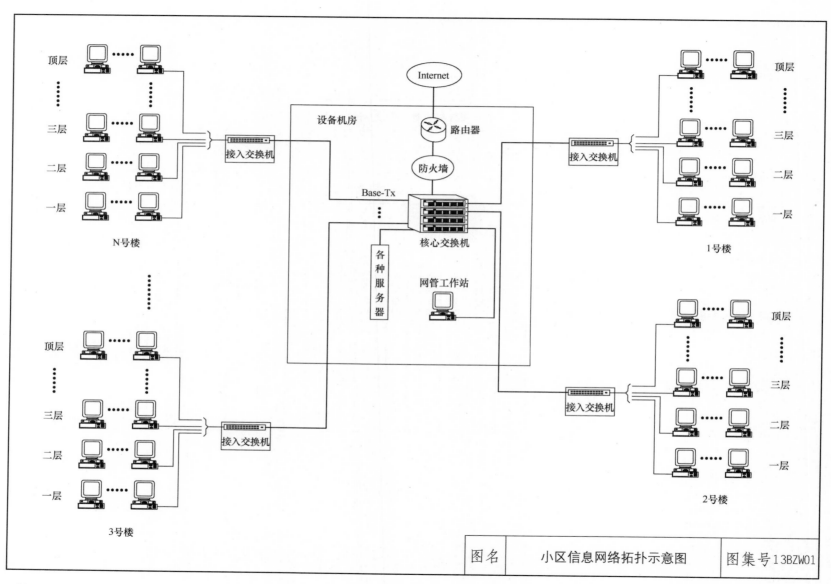

图名	小区信息网络拓扑示意图	图集号 13BZW01

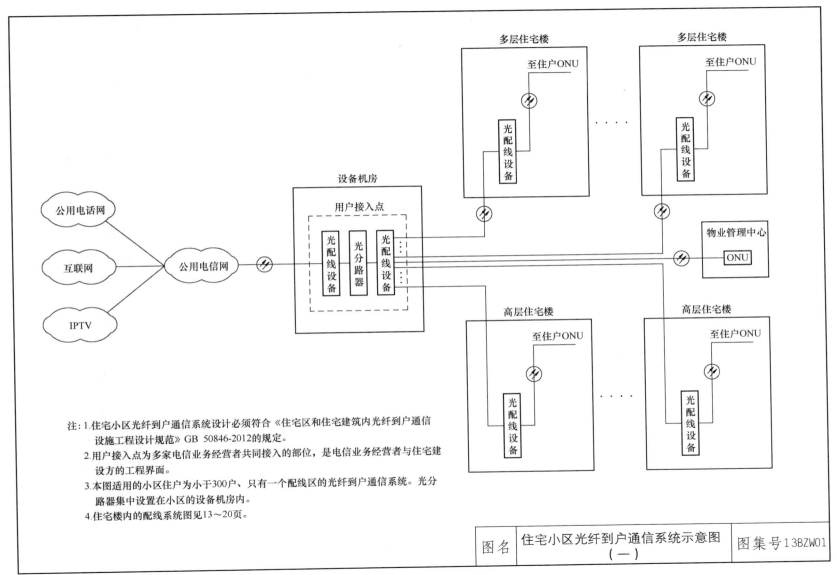

注：1.住宅小区光纤到户通信系统设计必须符合《住宅区和住宅建筑内光纤到户通信
　　设施工程设计规范》GB 50846-2012的规定。
　　2.用户接入点为多家电信业务经营者共同接入的部位，是电信业务经营者与住宅建
　　　设方的工程界面。
　　3.本图适用的小区住户为小于300户、只有一个配线区的光纤到户通信系统。光分
　　　路器集中设置在小区的设备机房内。
　　4.住宅楼内的配线系统图见13～20页。

图名	住宅小区光纤到户通信系统示意图（一）	图集号 13BZW01

11

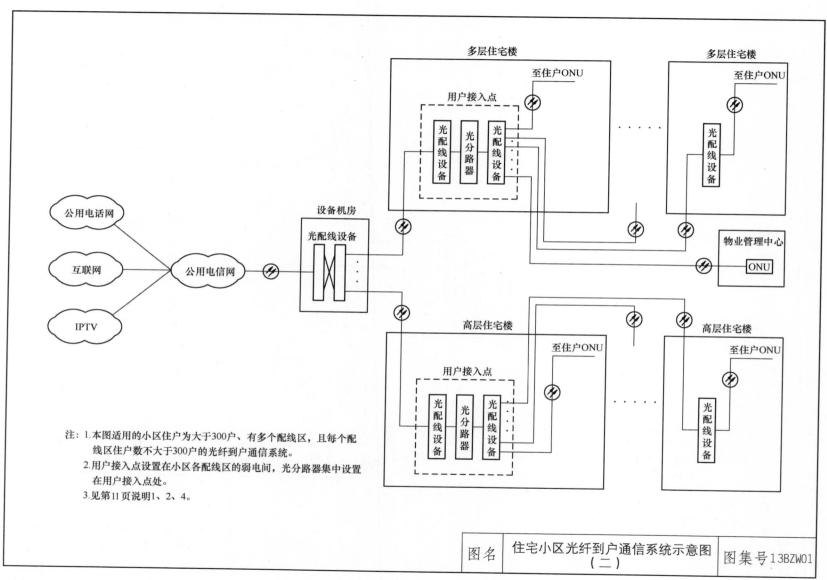

多层住宅楼   多层住宅楼

至住户ONU

用户接入点

光配线设备   光分路器   光配线设备

设备机房

公用电话网

互联网

公用电信网

光配线设备

IPTV

物业管理中心

ONU

高层住宅楼   高层住宅楼

至住户ONU

用户接入点

光配线设备   光分路器   光配线设备

光配线设备

注：1.本图适用的小区住户为大于300户、有多个配线区，且每个配
线区住户数不大于300户的光纤到户通信系统。
2.用户接入点设置在小区各配线区的弱电间，光分路器集中设置
在用户接入点处。
3.见第11页说明1、2、4。

图名	住宅小区光纤到户通信系统示意图 （二）	图集号 13BZW01

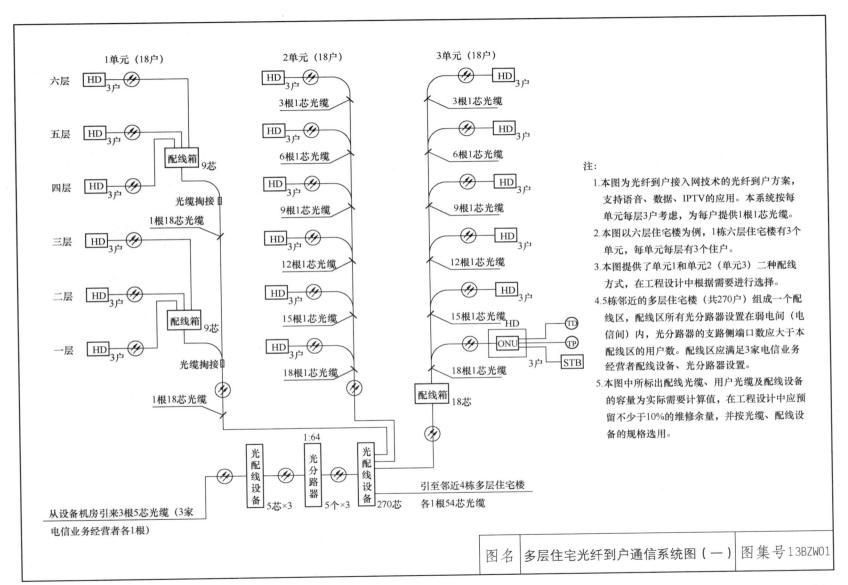

多层住宅光纤到户通信系统图（一）

注：
1. 本图为光纤到户接入网技术的光纤到户方案，支持语音、数据、IPTV的应用。本系统按每单元每层3户考虑，为每户提供1根1芯光缆。
2. 本图以六层住宅楼为例，1栋六层住宅楼有3个单元，每单元每层有3个住户。
3. 本图提供了单元1和单元2（单元3）二种配线方式，在工程设计中根据需要进行选择。
4. 5栋邻近的多层住宅楼（共270户）组成一个配线区，配线区所有光分路器设置在弱电间（电信间）内，光分路器的支路侧端口数应大于本配线区的用户数。配线区应满足3家电信业务经营者配线设备、光分路器设置。
5. 本图中所标出配线光缆、用户光缆及配线设备的容量为实际需要计算值，在工程设计中应预留不少于10%的维修余量，并按光缆、配线设备的规格选用。

| 图名 | 多层住宅光纤到户通信系统图（一） | 图集号 | 13BZW01 |

13

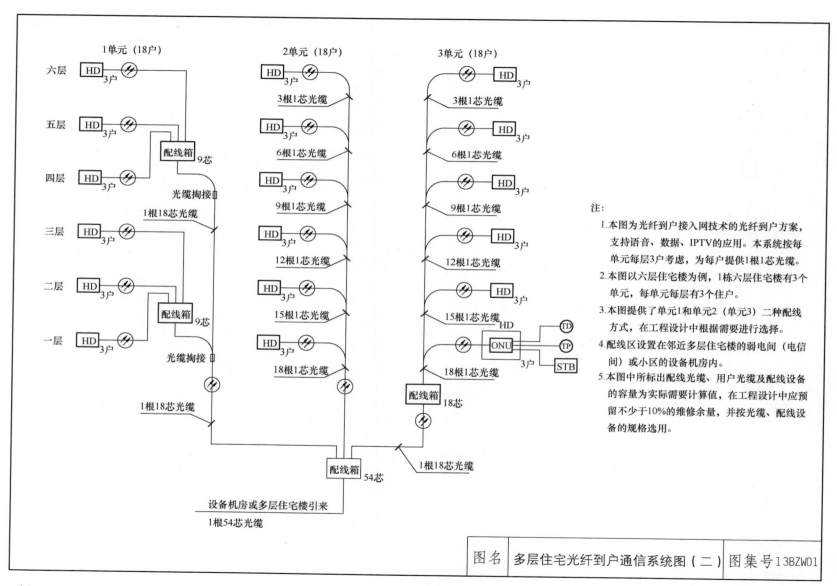

多层住宅光纤到户通信系统图（二）

注：
1. 本图为光纤到户接入网技术的光纤到户方案，支持语音、数据、IPTV的应用。本系统按每单元每层3户考虑，为每户提供1根1芯光缆。
2. 本图以六层住宅楼为例，1栋六层住宅有3个单元，每单元每层有3个住户。
3. 本图提供了单元1和单元2（单元3）二种配线方式，在工程设计中根据需要进行选择。
4. 配线区设置在邻近多层住宅楼的弱电间（电信间）或小区的设备机房内。
5. 本图中所标出配线光缆、用户光缆及配线设备的容量为实际需要计算值，在工程设计中应预留不少于10%的维修余量，并按光缆、配线设备的规格选用。

| 图名 | 多层住宅光纤到户通信系统图（二） | 图集号 | 13BZW01 |

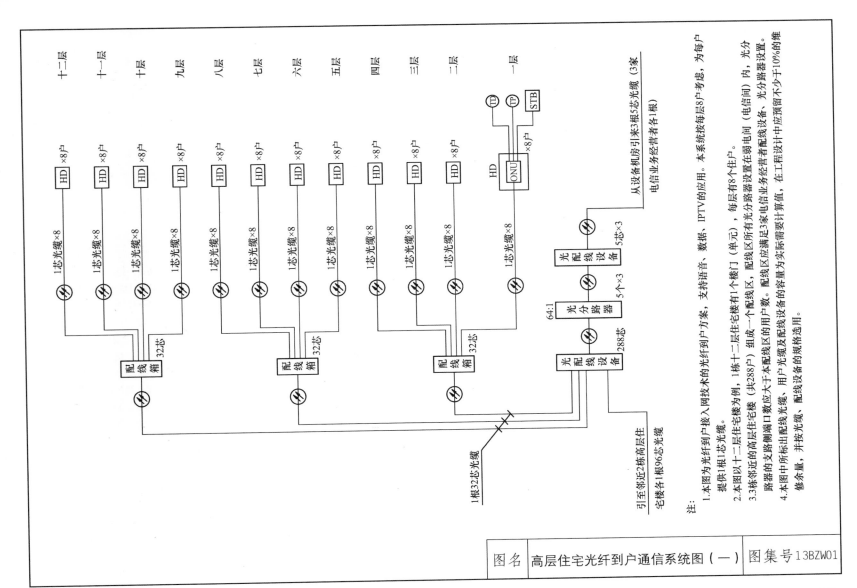

| 图名 | 高层住宅光纤到户通信系统图（一） | 图集号 | 13BZW01 |

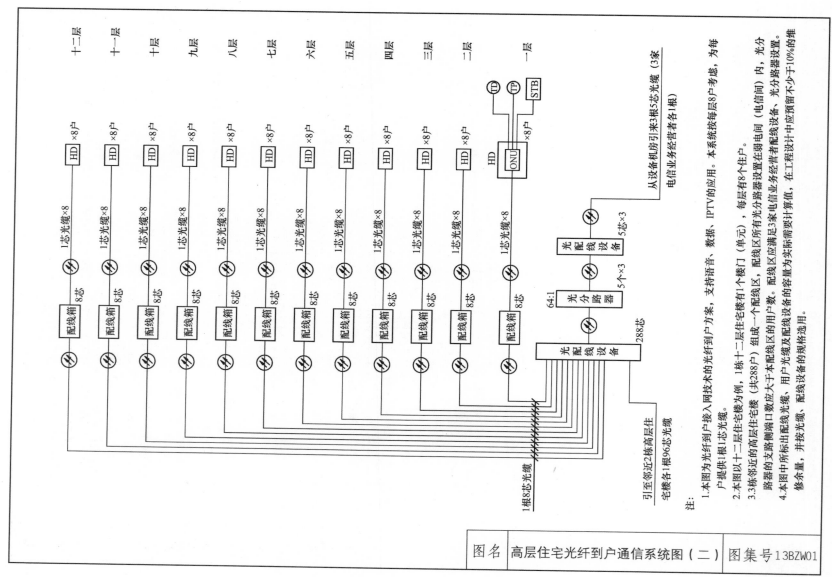

注:
1.本图为光纤到户接入网技术末的光纤到户方案。支持语音、数据、IPTV的应用。本系统按每层8户考虑，为每户提供1根1芯光缆。
2.本图以十二层住宅楼为例，1栋十二层住宅楼有1个楼门（单元），每层有8个住户。
3.3栋邻近的高层住宅楼（共288户）组成一个配线区，配线区所有用户本配线区应满足3家电信业务经营者设置在弱电间（电信间）内。光分路器的支路侧端口数应大于本配线区的用户数，配线区及配线设备的容量按需实际需要计算值，在工程设计中应预留不少于10%的维修余量，用户光缆及配线设备的规格选用。
4.本图中所标出配线光缆、用户光缆及配线设备的容量按需实际需要计算值，在工程设计中应预留不少于10%的维修余量。配线光缆、配线设备的规格选用。

| 图名 | 高层住宅光纤到户通信系统图（二） | 图集号 | 13BZW01 |

16

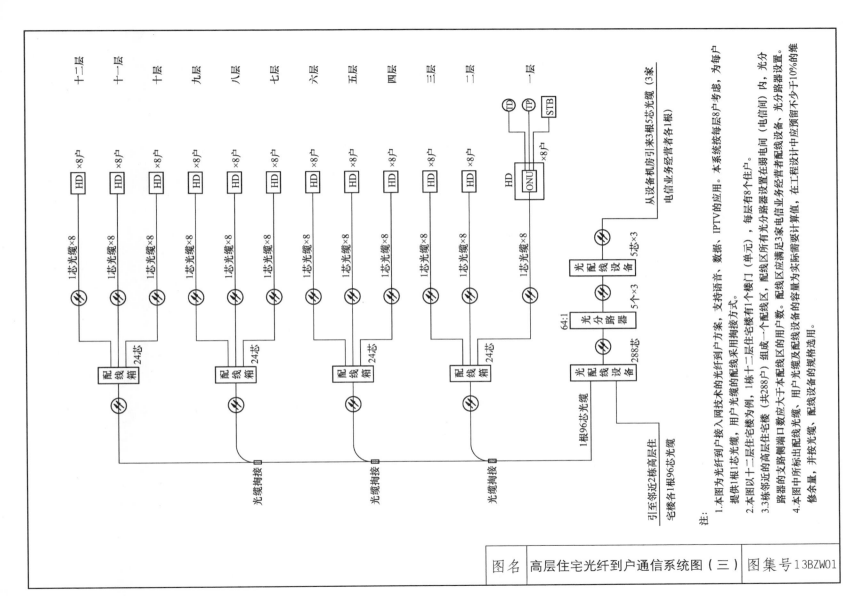

图名	高层住宅光纤到户通信系统图（三）	图集号	13BZW01

17

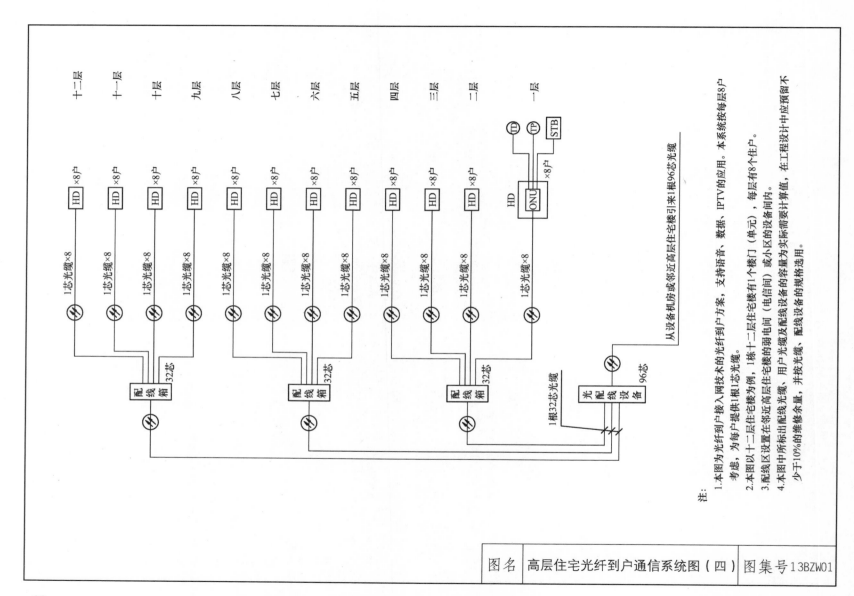

| 图名 | 高层住宅光纤到户通信系统图（四） | 图集号 | 13BZW01 |

十二层
十一层
十层
九层
八层
七层
六层
五层
四层
三层
二层
一层

HD ×8户
HD ×8户
HD ×8户
HD ×8户
HD ×8户
HD ×8户
HD ×8户
HD ×8户
HD ×8户
HD ×8户
HD ×8户
HD ×8户

1芯光缆×8
1芯光缆×8
1芯光缆×8
1芯光缆×8
1芯光缆×8
1芯光缆×8
1芯光缆×8
1芯光缆×8
1芯光缆×8
1芯光缆×8
1芯光缆×8
1芯光缆×8

配线箱 32芯
配线箱 32芯
配线箱 32芯

光配线设备 96芯

1根32芯光缆

从设备机房或就近高层住宅楼引来1根96芯光缆

ONU
TD
TP
STB

注:
1. 本图为光纤到户接入网技术的光纤到户方案，支持语音、数据、IPTV的应用。本系统按每层8户考虑，为每户提供1根1芯光缆。
2. 本图以十二层住宅楼为例，1栋十二层住宅楼有1个楼门（单元），每层有8个住户。
3. 配线区设置在邻近高层住宅楼的弱电间（电信间）或小区的设备间内。
4. 本图中所标出配线光缆、用户光缆及配线设备的容量为实际需要计算值，在工程设计中应预留不少于10%的维修余量，并按光缆、配线电缆、配线设备的规格选用。

18

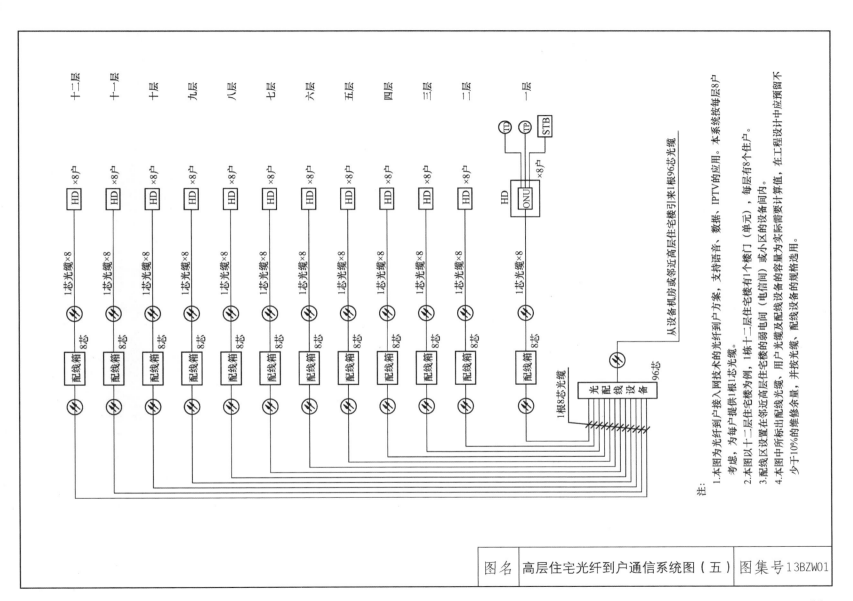

注：
1. 本图为光纤到户接入网技术的光纤到户方案，支持语音、数据、IPTV的应用。本系统按每层8户考虑，为每户提供1根1芯光缆。

2. 本图以十二层住宅楼为例，1栋十二层住宅楼有1个楼门（单元），每层有8个住户。

3. 配线区设置在邻近高层住宅楼的弱电间（电信间）或小区的设备间内。

4. 本图中所标出配线光缆、用户光缆及配线设备的容量为实际需要计算值，在工程设计中应预留不少于10%的维修余量，并按光缆、配线设备的规格选用。

| 图名 | 高层住宅光纤到户通信系统图（五） | 图集号 | 13BZW01 |

19

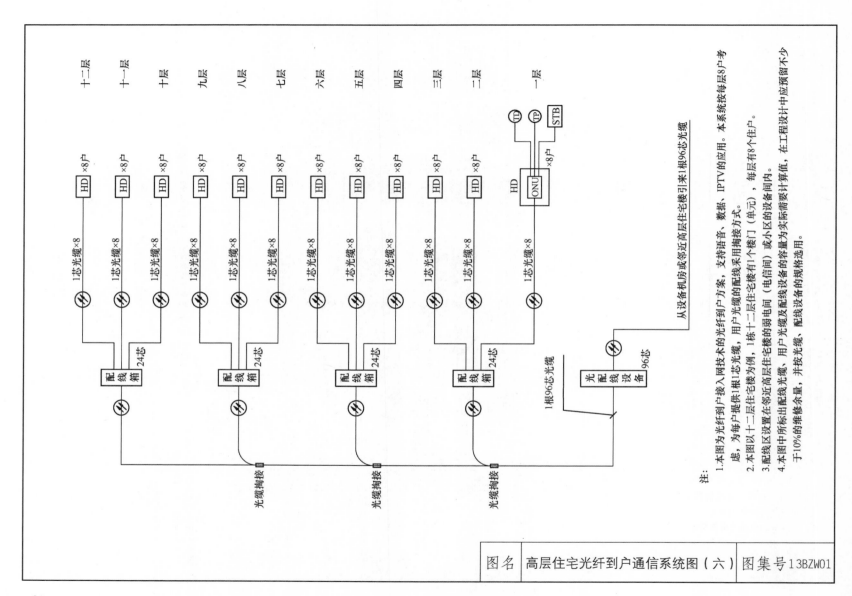

注：
1.本图为光纤到户接入网技术的光纤到户方案，支持语音、数据、IPTV的应用。本系统按每层8户考虑，为每户提供1根1芯光缆，用户光缆的配线采用掏接方式。
2.本图以十二层住宅楼为例，1栋十二层住宅楼有1个楼门（单元），每层有8个住户。
3.配线区设置在邻近高层住宅楼的弱电间（电信间）或小区的设备间内。
4.本图中标出配线光缆、用户光缆及配线设备的容量为实际需要计算值，在工程设计中应预留不少于10%的维修余量，并按光缆、配线设备的规格选用。

| 图名 | 高层住宅光纤到户通信系统图（六） | 图集号 | 13BZW01 |

20

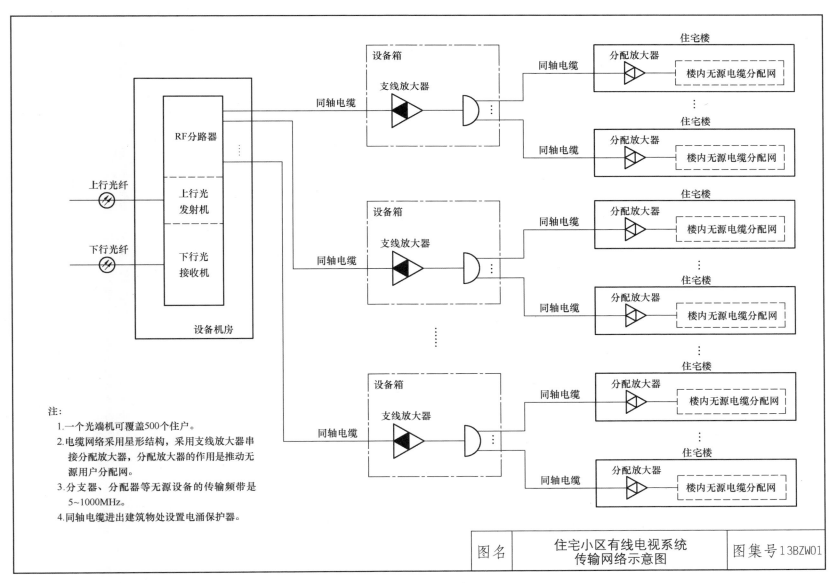

住宅楼
设备箱
支线放大器
分配放大器
楼内无源电缆分配网
同轴电缆
住宅楼
分配放大器
楼内无源电缆分配网
同轴电缆

RF分路器

上行光纤
上行光
发射机

下行光纤
下行光
接收机

设备机房

同轴电缆

设备箱
支线放大器

住宅楼
分配放大器
楼内无源电缆分配网
同轴电缆

住宅楼
分配放大器
楼内无源电缆分配网
同轴电缆

同轴电缆

设备箱
支线放大器

住宅楼
分配放大器
楼内无源电缆分配网
同轴电缆

住宅楼
分配放大器
楼内无源电缆分配网
同轴电缆

同轴电缆

注:
1.一个光端机可覆盖500个住户。
2.电缆网络采用星形结构,采用支线放大器串
  接分配放大器,分配放大器的作用是推动无
  源用户分配网。
3.分支器、分配器等无源设备的传输频带是
  5~1000MHz。
4.同轴电缆进出建筑物处设置电涌保护器。

图名	住宅小区有线电视系统 传输网络示意图	图集号 13BZW01

21

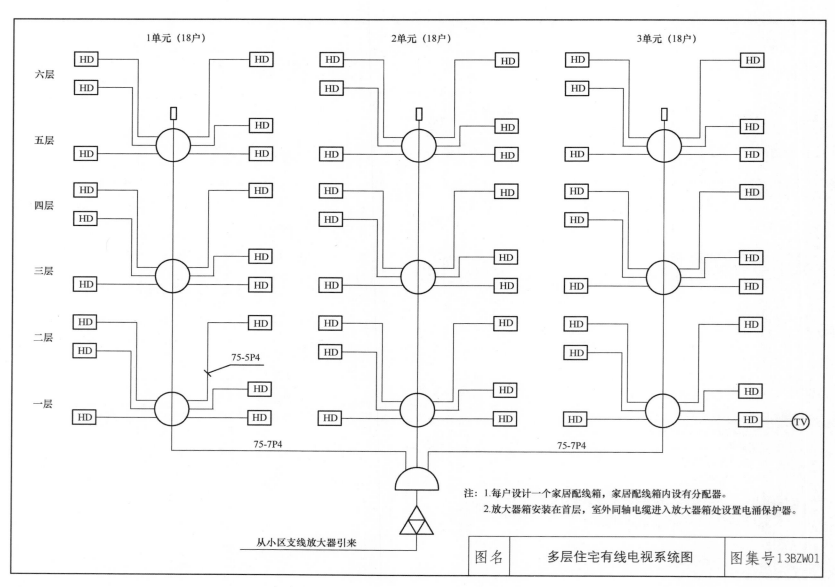

1单元（18户）　　　　　　　　　2单元（18户）　　　　　　　　　3单元（18户）

六层

五层

四层

三层

二层

一层

75-5P4

75-7P4　　　　　　　　　　　　　　　　　　　75-7P4

从小区支线放大器引来

注：1.每户设计一个家居配线箱，家居配线箱内设有分配器。
　　2.放大器箱安装在首层，室外同轴电缆进入放大器箱处设置电涌保护器。

图名	多层住宅有线电视系统图	图集号	13BZW01

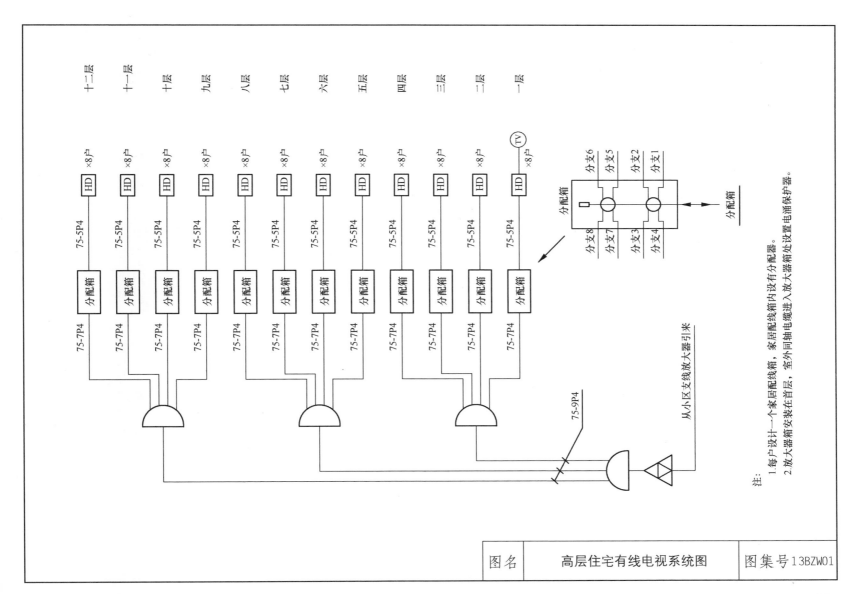

| 图名 | 高层住宅有线电视系统图 | 图集号 | 13BZW01 |

23

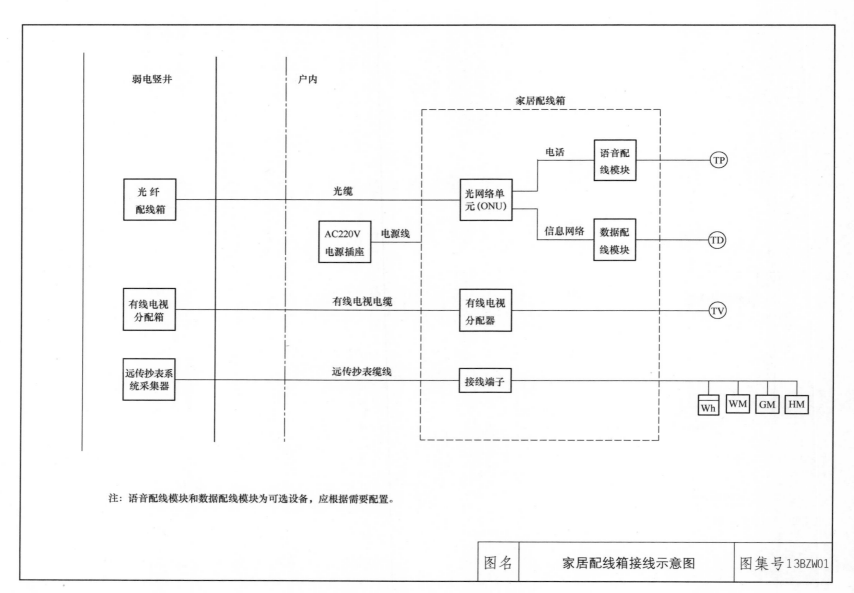

弱电竖井　　　户内

家居配线箱

光纤配线箱 ──光缆── 光网络单元(ONU)

　电话── 语音配线模块 ──（TP）

AC220V电源插座 ──电源线──

信息网络── 数据配线模块 ──（TD）

有线电视分配箱 ──有线电视电缆── 有线电视分配器 ──（TV）

远传抄表系统采集器 ──远传抄表缆线── 接线端子

Wh　WM　GM　HM

注：语音配线模块和数据配线模块为可选设备，应根据需要配置。

| 图名 | 家居配线箱接线示意图 | 图集号 13BZW01 |

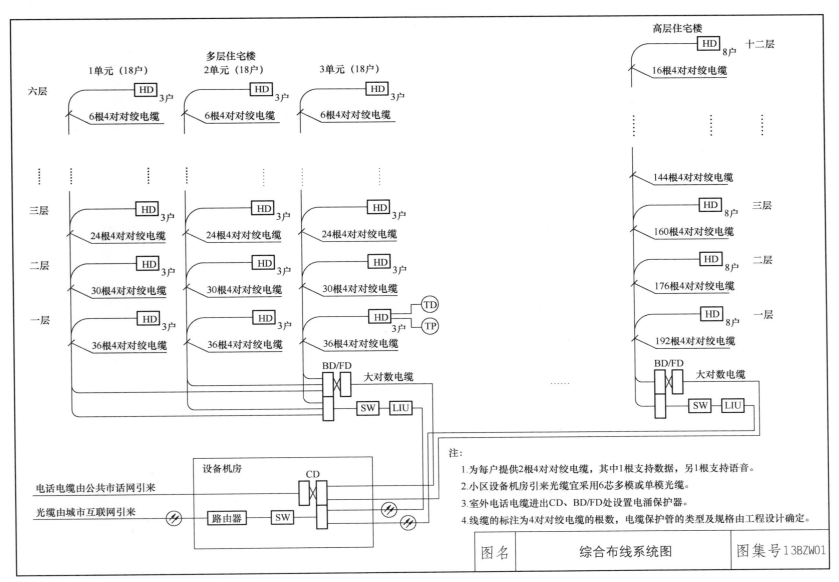

高层住宅楼

多层住宅楼

1单元（18户）　　2单元（18户）　　3单元（18户）

HD 8户 十二层

16根4对对绞电缆

六层　　　　HD 3户　　　　HD 3户　　　　HD 3户

6根4对对绞电缆　　6根4对对绞电缆　　6根4对对绞电缆

144根4对对绞电缆

HD 8户 三层

三层　　　　HD 3户　　　　HD 3户　　　　HD 3户

24根4对对绞电缆　　24根4对对绞电缆　　24根4对对绞电缆

160根4对对绞电缆

HD 8户 二层

二层　　　　HD 3户　　　　HD 3户　　　　HD 3户

30根4对对绞电缆　　30根4对对绞电缆　　30根4对对绞电缆

176根4对对绞电缆

HD 8户 一层

一层　　　　HD 3户　　　　HD 3户　　　　HD 3户 TD
TP

36根4对对绞电缆　　36根4对对绞电缆　　36根4对对绞电缆

192根4对对绞电缆

BD/FD 大对数电缆

BD/FD 大对数电缆

SW LIU

SW LIU

设备机房

CD

电话电缆由公共市话网引来

光缆由城市互联网引来　路由器　SW

注：

1.为每户提供2根4对对绞电缆，其中1根支持数据，另1根支持语音。

2.小区设备机房引来光缆宜采用6芯多模或单模光缆。

3.室外电话电缆进出CD、BD/FD处设置电涌保护器。

4.线缆的标注为4对对绞电缆的根数，电缆保护管的类型及规格由工程设计确定。

图名	综合布线系统图	图集号 13BZW01

25

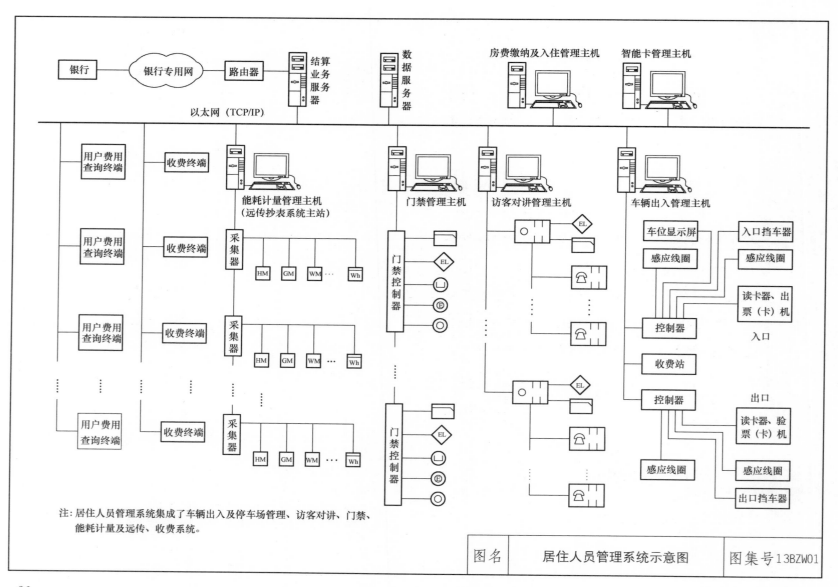

银行　银行专用网　路由器　结算业务服务器

数据服务器

房费缴纳及入住管理主机

智能卡管理主机

以太网（TCP/IP）

用户费用查询终端　收费终端

能耗计量管理主机（远传抄表系统主站）

门禁管理主机

访客对讲管理主机

车辆出入管理主机

采集器

HM GM WM … Wh

门禁控制器

EL

车位显示屏　入口挡车器

感应线圈　感应线圈

读卡器、出票（卡）机

控制器

入口

用户费用查询终端　收费终端

采集器

HM GM WM … Wh

收费站

控制器

出口

用户费用查询终端　收费终端

采集器

HM GM WM … Wh

门禁控制器

EL

读卡器、验票（卡）机

感应线圈

出口挡车器

注：居住人员管理系统集成了车辆出入及停车场管理、访客对讲、门禁、
　　能耗计量及远传、收费系统。

图名	居住人员管理系统示意图	图集号 13BZW01

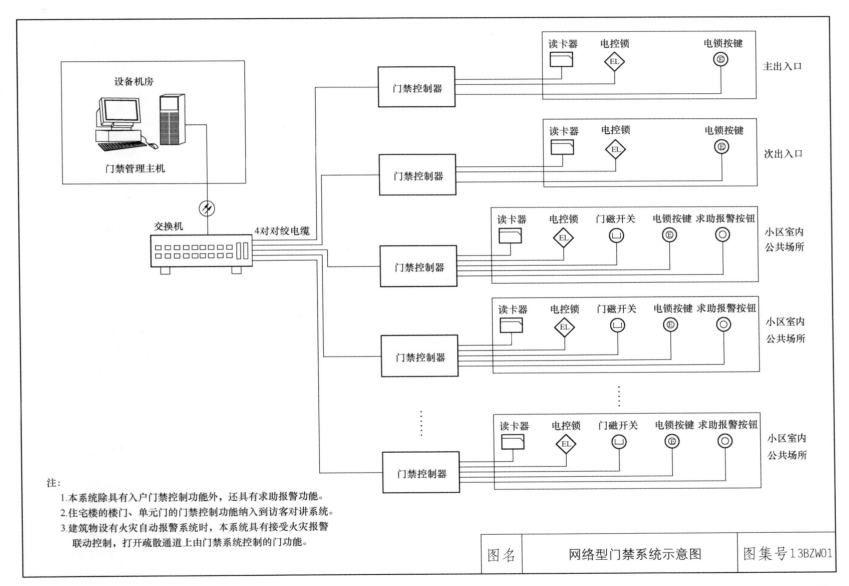

设备机房

门禁管理主机

门禁控制器

读卡器　电控锁　　　　电锁按键
EL　　　　　　　　　主出入口

读卡器　电控锁　　　　电锁按键
EL　　　　　　　　　次出入口

交换机

4对对绞电缆

读卡器　电控锁　门磁开关　电锁按键　求助报警按钮
EL　　　　　　　　　　　　　　　小区室内
公共场所

读卡器　电控锁　门磁开关　电锁按键　求助报警按钮
EL　　　　　　　　　　　　　　　小区室内
公共场所

读卡器　电控锁　门磁开关　电锁按键　求助报警按钮
EL　　　　　　　　　　　　　　　小区室内
公共场所

注：
1.本系统除具有入户门禁控制功能外，还具有求助报警功能。
2.住宅楼的楼门、单元门的门禁控制功能纳入到访客对讲系统。
3.建筑物设有火灾自动报警系统时，本系统具有接受火灾报警
　联动控制，打开疏散通道上由门禁系统控制的门功能。

| 图名 | 网络型门禁系统示意图 | 图集号 13BZW01 |

27

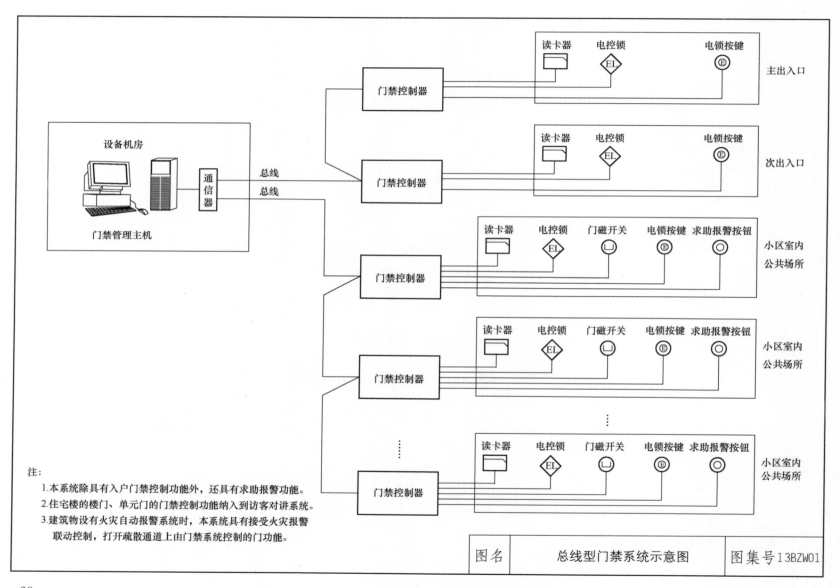

读卡器　电控锁　　　　　　电锁按键　　　主出入口

读卡器　电控锁　　　　　　电锁按键　　　次出入口

读卡器　电控锁　门磁开关　电锁按键　求助报警按钮　小区室内公共场所

读卡器　电控锁　门磁开关　电锁按键　求助报警按钮　小区室内公共场所

读卡器　电控锁　门磁开关　电锁按键　求助报警按钮　小区室内公共场所

设备机房

门禁管理主机

通信器

总线

总线

门禁控制器

注:
1.本系统除具有入户门禁控制功能外,还具有求助报警功能。
2.住宅楼的楼门、单元门的门禁控制功能纳入到访客对讲系统。
3.建筑物设有火灾自动报警系统时,本系统具有接受火灾报警
　联动控制,打开疏散通道上由门禁系统控制的门功能。

| 图名 | 总线型门禁系统示意图 | 图集号 | 13BZW01 |

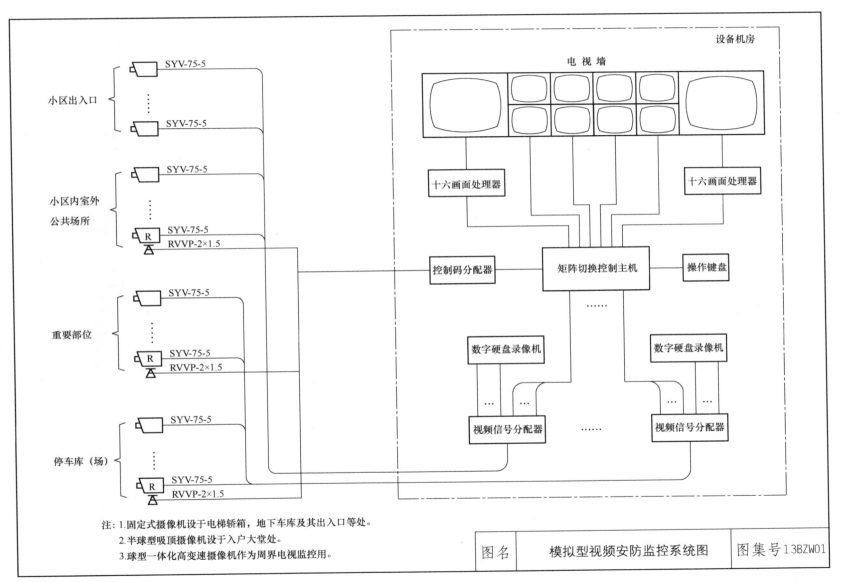

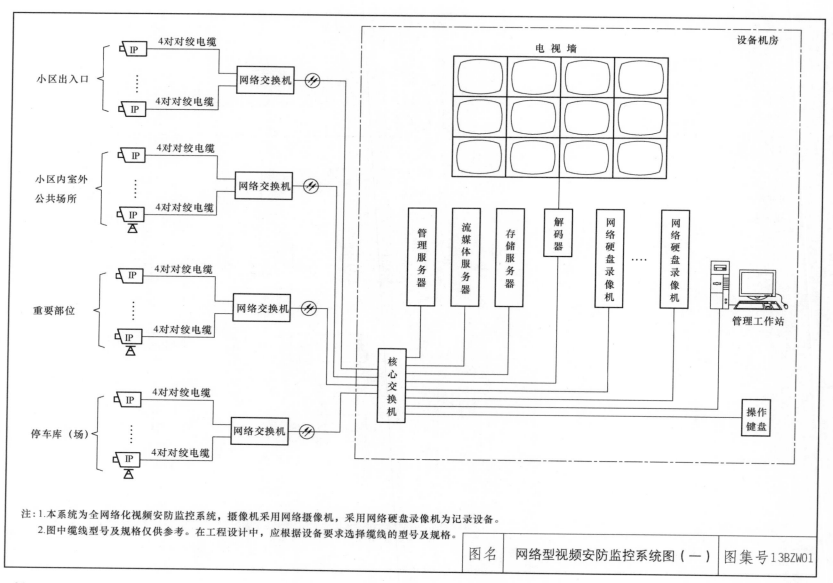

注：1.本系统为全网络化视频安防监控系统，摄像机采用网络摄像机，采用网络硬盘录像机为记录设备。
　　2.图中缆线型号及规格仅供参考。在工程设计中，应根据设备要求选择缆线的型号及规格。

| 图名 | 网络型视频安防监控系统图（一） | 图集号 | 13BZW01 |

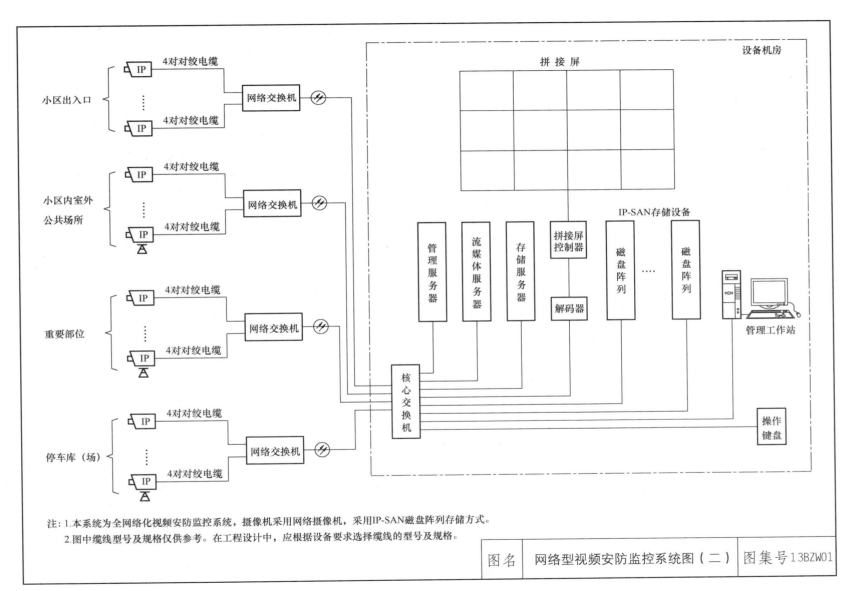

注：1.本系统为全网络化视频安防监控系统，摄像机采用网络摄像机，采用IP-SAN磁盘阵列存储方式。

2.图中缆线型号及规格仅供参考。在工程设计中，应根据设备要求选择缆线的型号及规格。

| 图名 | 网络型视频安防监控系统图（二） | 图集号 13BZW01 |

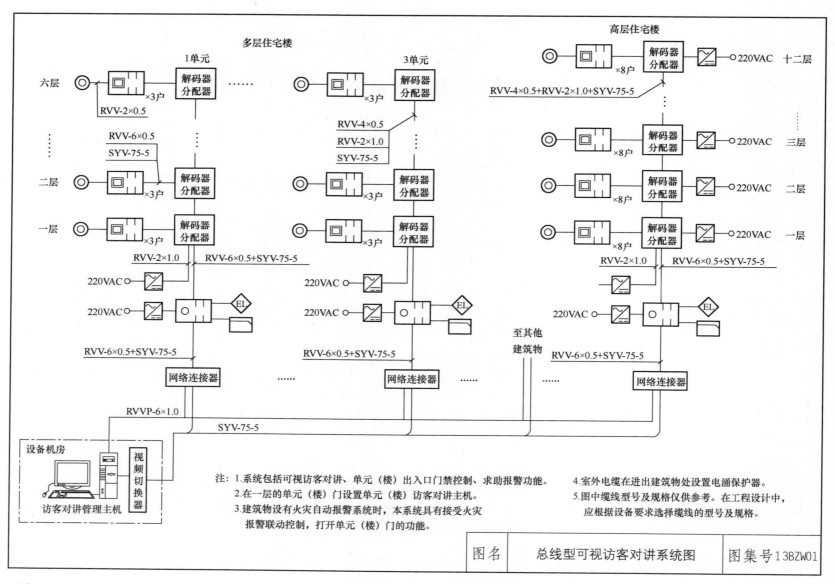

多层住宅楼

高层住宅楼

1单元

3单元

六层　RVV-2×0.5

×3户

十二层　220VAC

×8户

RVV-4×0.5+RVV-2×1.0+SYV-75-5

二层

RVV-6×0.5
SYV-75-5

解码器
分配器

×3户

RVV-4×0.5
RVV-2×1.0
SYV-75-5

解码器
分配器

×3户

三层　220VAC

×8户

解码器
分配器

二层　220VAC

×8户

解码器
分配器

一层

解码器
分配器

×3户

解码器
分配器

×3户

一层　220VAC

×8户

解码器
分配器

RVV-2×1.0　RVV-6×0.5+SYV-75-5

220VAC

220VAC　EL

RVV-2×1.0　RVV-6×0.5+SYV-75-5

220VAC

220VAC　EL

至其他
建筑物

220VAC

RVV-2×1.0　RVV-6×0.5+SYV-75-5

220VAC　EL

RVV-6×0.5+SYV-75-5

网络连接器

RVV-6×0.5+SYV-75-5

网络连接器

RVV-6×0.5+SYV-75-5

网络连接器

RVVP-6×1.0

SYV-75-5

设备机房

视频切换器

访客对讲管理主机

注：1.系统包括可视访客对讲、单元（楼）出入口门禁控制、求助报警功能。
　　2.在一层的单元（楼）门设置单元（楼）访客对讲主机。
　　3.建筑物设有火灾自动报警系统时，本系统具有接受火灾
　　　报警联动控制，打开单元（楼）门的功能。

4.室外电缆在进出建筑物处设置电涌保护器。
5.图中缆线型号及规格仅供参考。在工程设计中，
　应根据设备要求选择缆线的型号及规格。

图名	总线型可视访客对讲系统图	图集号 13BZW01

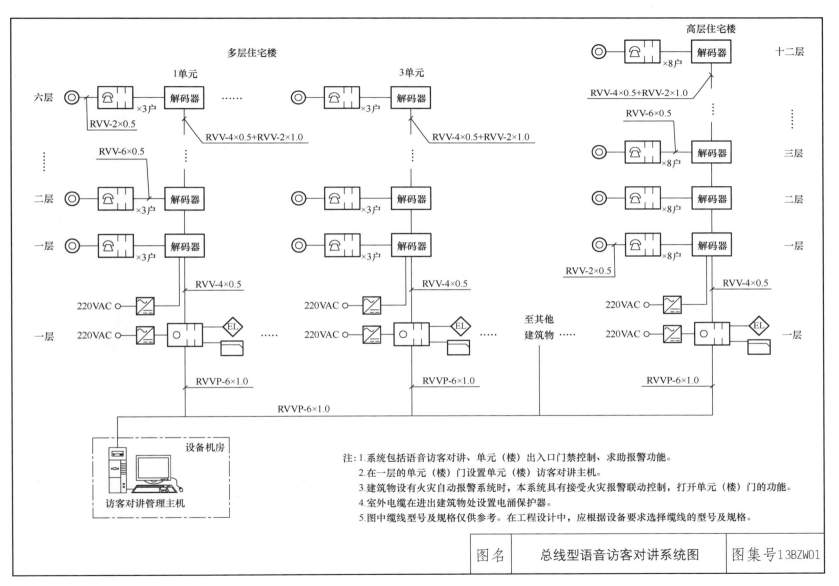

注：1.系统包括语音访客对讲、单元（楼）出入口门禁控制、求助报警功能。
2.在一层的单元（楼）门设置单元（楼）访客对讲主机。
3.建筑物设有火灾自动报警系统时，本系统具有接受火灾报警联动控制，打开单元（楼）门的功能。
4.室外电缆在进出建筑物处设置电涌保护器。
5.图中缆线型号及规格仅供参考。在工程设计中，应根据设备要求选择缆线的型号及规格。

图名	总线型语音访客对讲系统图	图集号 13BZW01

33

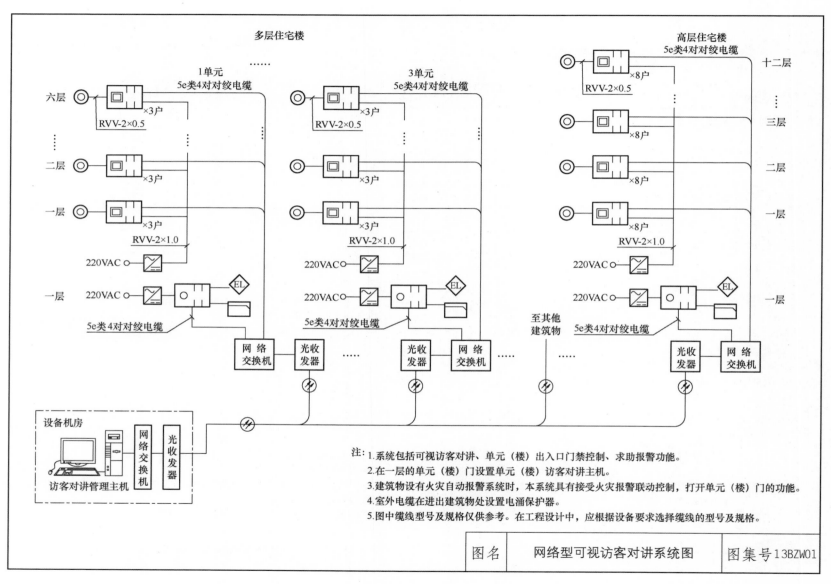

多层住宅楼

高层住宅楼
5e类4对对绞电缆

1单元
5e类4对对绞电缆

3单元
5e类4对对绞电缆

六层　RVV-2×0.5　×3户

二层　×3户

一层　×3户

RVV-2×1.0

220VAC

一层　220VAC

5e类4对对绞电缆

RVV-2×0.5　×3户

×3户

×3户

RVV-2×1.0

220VAC

220VAC

5e类4对对绞电缆

十二层　RVV-2×0.5

三层　×8户

二层　×8户

一层　×8户

RVV-2×1.0

220VAC

220VAC

一层

5e类4对对绞电缆

网络
交换机

光收
发器

光收
发器

网络
交换机

至其他
建筑物

光收
发器

网络
交换机

设备机房

网络
交换机

光收
发器

访客对讲管理主机

注：1. 系统包括可视访客对讲、单元（楼）出入口门禁控制、求助报警功能。
　　2. 在一层的单元（楼）门设置单元（楼）访客对讲主机。
　　3. 建筑物设有火灾自动报警系统时，本系统具有接受火灾报警联动控制，打开单元（楼）门的功能。
　　4. 室外电缆在进出建筑物处设置电涌保护器。
　　5. 图中缆线型号及规格仅供参考。在工程设计中，应根据设备要求选择缆线的型号及规格。

| 图名 | 网络型可视访客对讲系统图 | 图集号 | 13BZW01 |

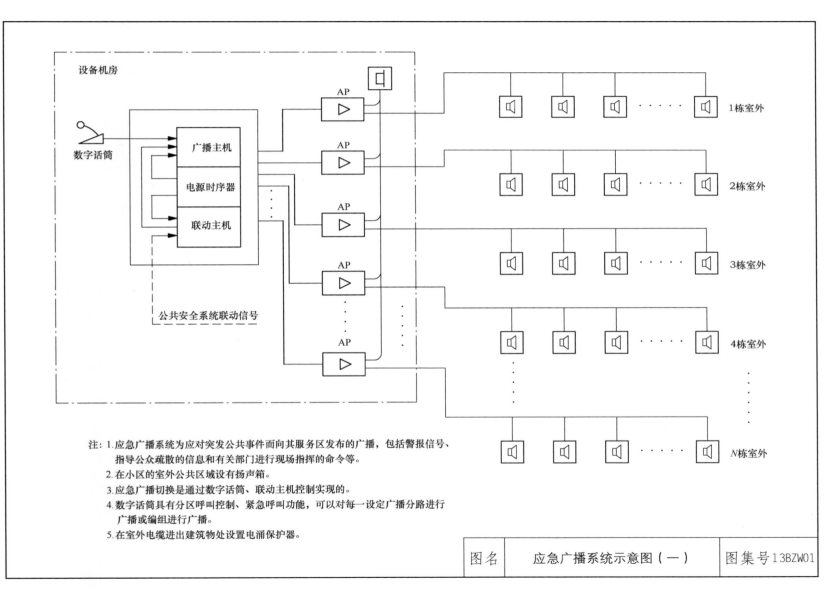

注：1. 应急广播系统为应对突发公共事件而向其服务区发布的广播，包括警报信号、
　　　 指导公众疏散的信息和有关部门进行现场指挥的命令等。
　　 2. 在小区的室外公共区域设有扬声箱。
　　 3. 应急广播切换是通过数字话筒、联动主机控制实现的。
　　 4. 数字话筒具有分区呼叫控制、紧急呼叫功能，可以对每一设定广播分路进行
　　　 广播或编组进行广播。
　　 5. 在室外电缆进出建筑物处设置电涌保护器。

| 图名 | 应急广播系统示意图（一） | 图集号 13BZW01 |

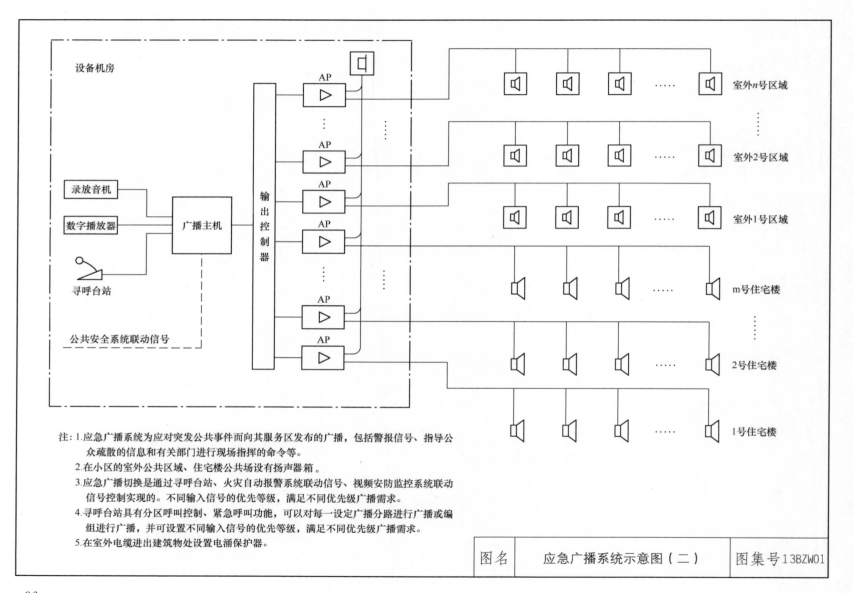

设备机房

录放音机

数字播放器

寻呼台站

广播主机

公共安全系统联动信号

输出控制器

AP

室外n号区域

室外2号区域

室外1号区域

m号住宅楼

2号住宅楼

1号住宅楼

注：1.应急广播系统为应对突发公共事件而向其服务区发布的广播，包括警报信号、指导公
　　　众疏散的信息和有关部门进行现场指挥的命令等。
　　2.在小区的室外公共区域、住宅楼公共场设有扬声器箱。
　　3.应急广播切换是通过寻呼台站、火灾自动报警系统联动信号、视频安防监控系统联动
　　　信号控制实现的。不同输入信号的优先等级，满足不同优先级广播需求。
　　4.寻呼台站具有分区呼叫控制、紧急呼叫功能，可以对每一设定广播分路进行广播或编
　　　组进行广播，并可设置不同输入信号的优先等级，满足不同优先级广播需求。
　　5.在室外电缆进出建筑物处设置电涌保护器。

图名	应急广播系统示意图（二）	图集号 13BZW01

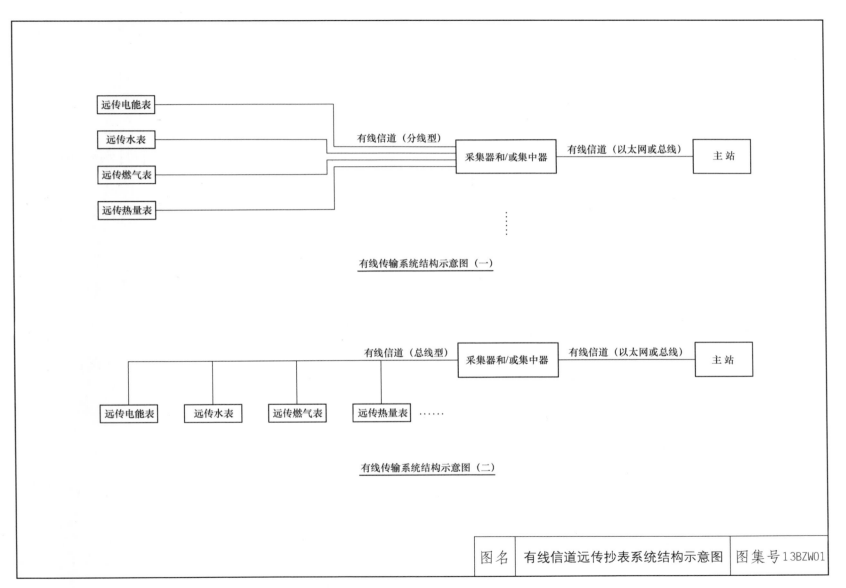

远传电能表 ──────┐
远传水表 ─────── 有线信道（分线型） → 采集器和/或集中器 → 有线信道（以太网或总线） → 主 站
远传燃气表 ───────┘
远传热量表 ───────

有线传输系统结构示意图（一）

有线信道（总线型） → 采集器和/或集中器 → 有线信道（以太网或总线） → 主 站

远传电能表 ┃ 远传水表 ┃ 远传燃气表 ┃ 远传热量表 ……

有线传输系统结构示意图（二）

| 图名 | 有线信道远传抄表系统结构示意图 | 图集号 | 13BZW01 |

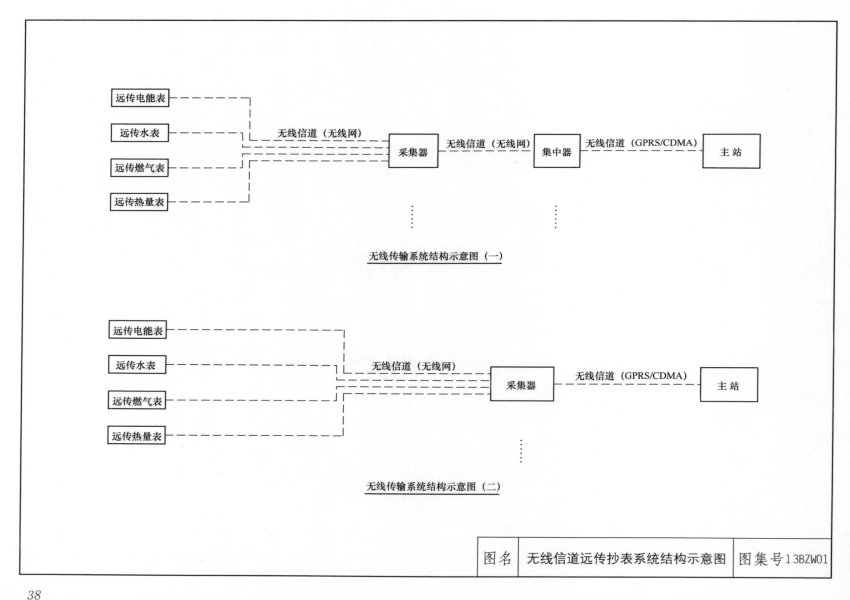

无线传输系统结构示意图（一）

无线传输系统结构示意图（二）

| 图名 | 无线信道远传抄表系统结构示意图 | 图集号 | 13BZW01 |

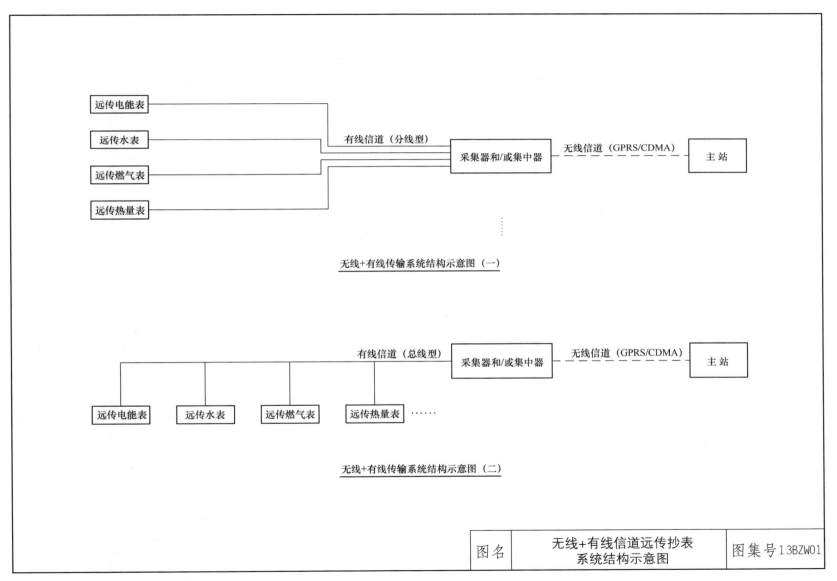

远传电能表

远传水表

远传燃气表

远传热量表

有线信道（分线型）

采集器和/或集中器

无线信道（GPRS/CDMA）

主 站

无线+有线传输系统结构示意图（一）

有线信道（总线型）

采集器和/或集中器

无线信道（GPRS/CDMA）

主 站

远传电能表

远传水表

远传燃气表

远传热量表 ……

无线+有线传输系统结构示意图（二）

图名	无线+有线信道远传抄表 系统结构示意图	图集号 13BZW01

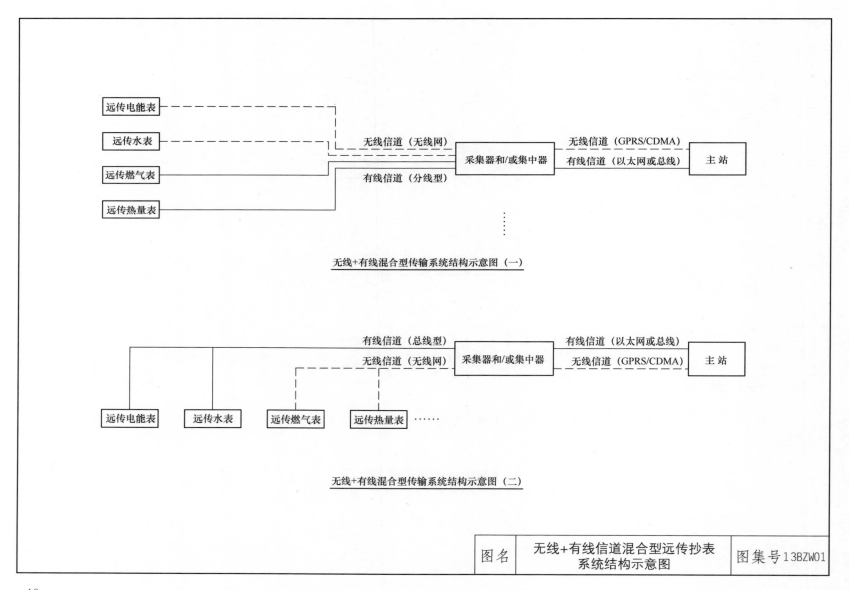

无线+有线混合型传输系统结构示意图（一）

无线+有线混合型传输系统结构示意图（二）

图名	无线+有线信道混合型远传抄表 系统结构示意图	图集号	13BZW01

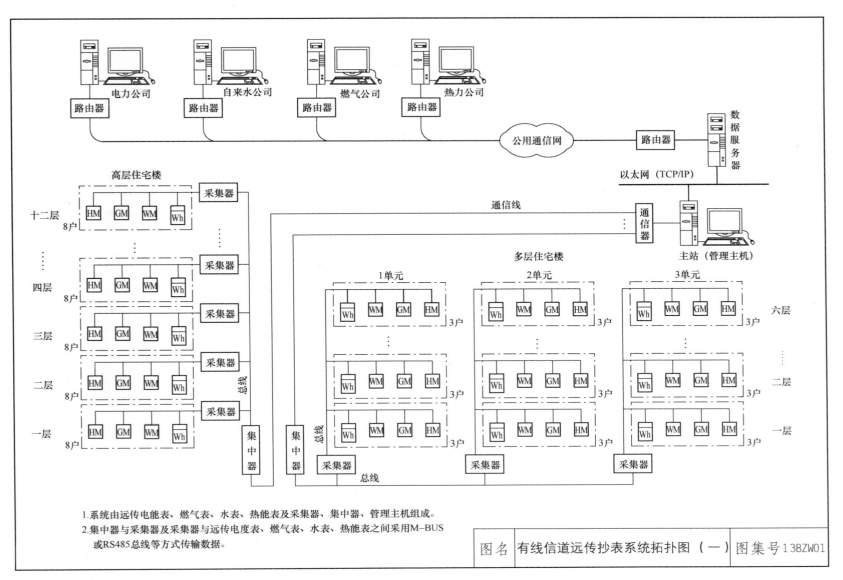

1.系统由远传电能表、燃气表、水表、热能表及采集器、集中器、管理主机组成。
2.集中器与采集器及采集器与远传电度表、燃气表、水表、热能表之间采用M-BUS
  或RS485总线等方式传输数据。

| 图名 | 有线信道远传抄表系统拓扑图（一） | 图集号 | 13BZW01 |

41

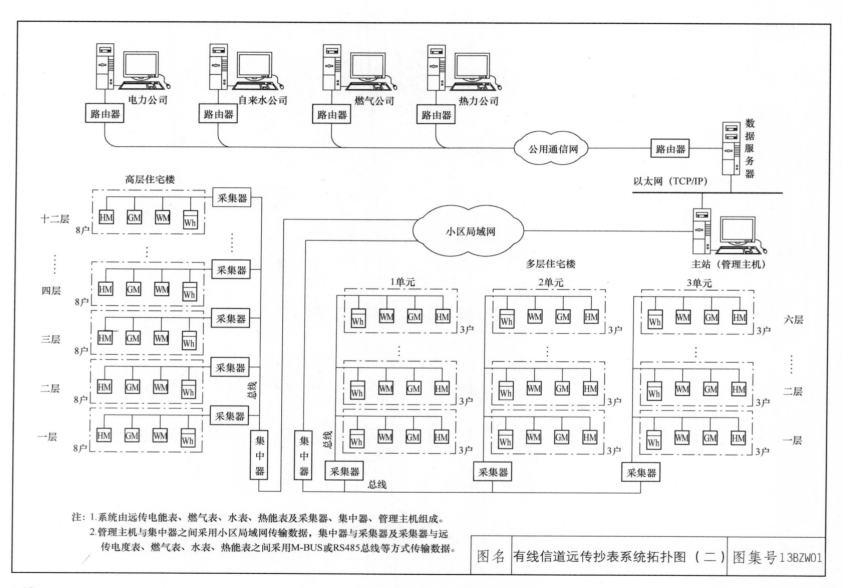

注: 1. 系统由远传电能表、燃气表、水表、热能表及采集器、集中器、管理主机组成。
2. 管理主机与集中器之间采用小区局域网传输数据, 集中器与采集器及采集器与远
传电度表、燃气表、水表、热能表之间采用M-BUS或RS485总线等方式传输数据。

| 图名 | 有线信道远传抄表系统拓扑图（二） | 图集号 | 13BZW01 |

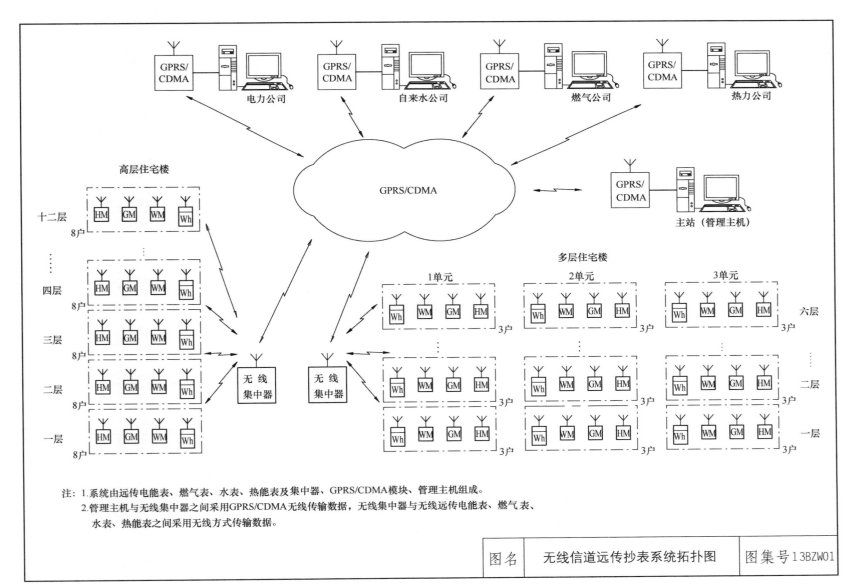

注：1.系统由远传电能表、燃气表、水表、热能表及集中器、GPRS/CDMA模块、管理主机组成。
　　2.管理主机与无线集中器之间采用GPRS/CDMA无线传输数据，无线集中器与无线远传电能表、燃气表、
　　　水表、热能表之间采用无线方式传输数据。

| 图名 | 无线信道远传抄表系统拓扑图 | 图集号 | 13BZW01 |

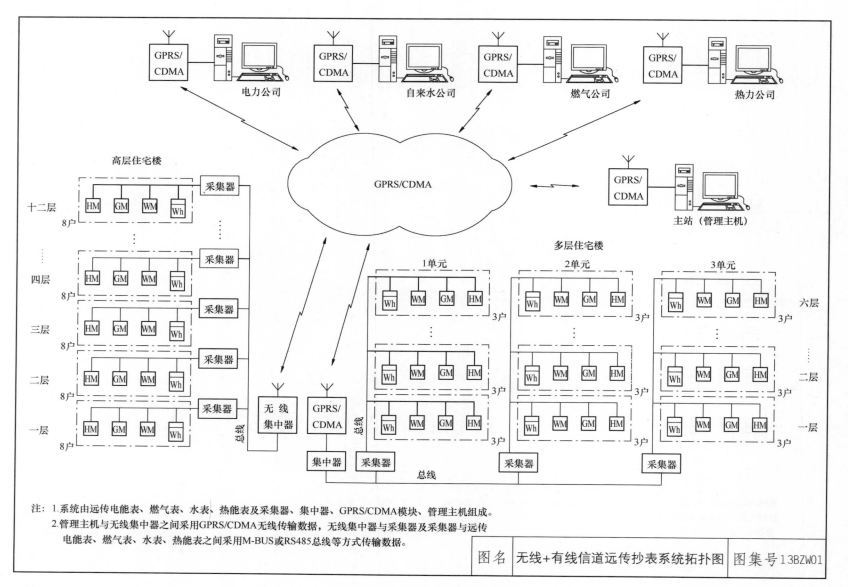

注：1.系统由远传电能表、燃气表、水表、热能表及采集器、集中器、GPRS/CDMA模块、管理主机组成。
2.管理主机与无线集中器之间采用GPRS/CDMA无线传输数据，无线集中器与采集器及采集器与远传电能表、燃气表、水表、热能表之间采用M-BUS或RS485总线等方式传输数据。

图名	无线+有线信道远传抄表系统拓扑图	图集号	13BZW01

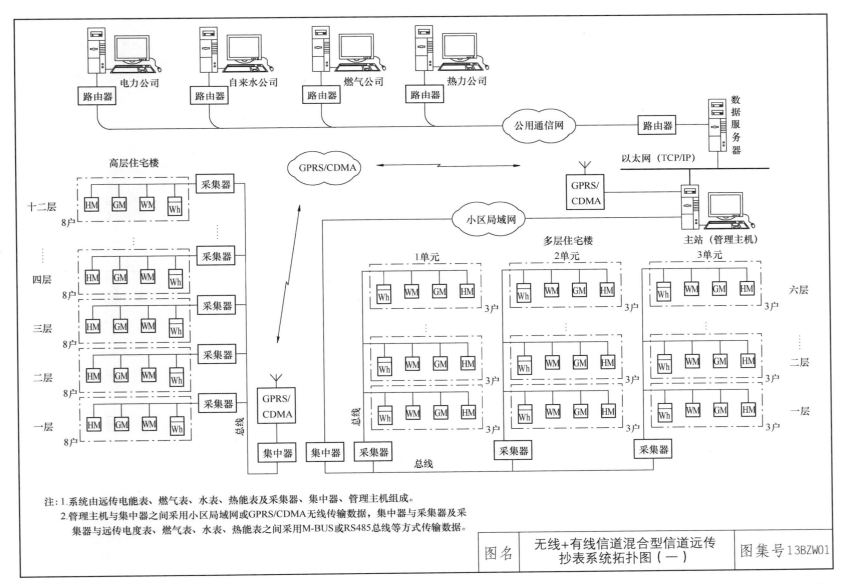

注：1.系统由远传电能表、燃气表、水表、热能表及采集器、集中器、管理主机组成。
2.管理主机与集中器之间采用小区局域网或GPRS/CDMA无线传输数据，集中器与采集器及采集器与远传电度表、燃气表、水表、热能表之间采用M-BUS或RS485总线等方式传输数据。

| 图名 | 无线+有线信道混合型信道远传抄表系统拓扑图（一） | 图集号 | 13BZW01 |

45

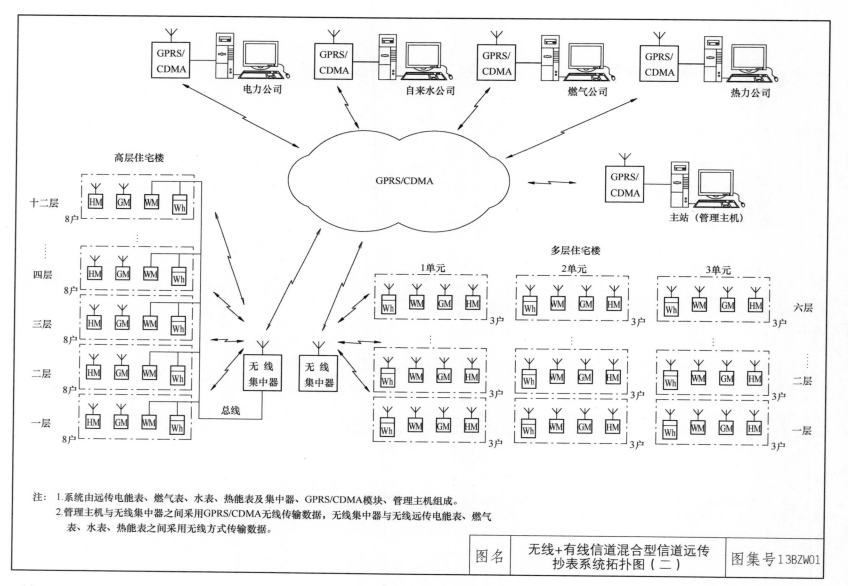

注： 1. 系统由远传电能表、燃气表、水表、热能表及集中器、GPRS/CDMA模块、管理主机组成。
　　 2. 管理主机与无线集中器之间采用GPRS/CDMA无线传输数据，无线集中器与无线远传电能表、燃气表、水表、热能表之间采用无线方式传输数据。

图名	无线+有线信道混合型信道远传抄表系统拓扑图（二）	图集号 13BZW01

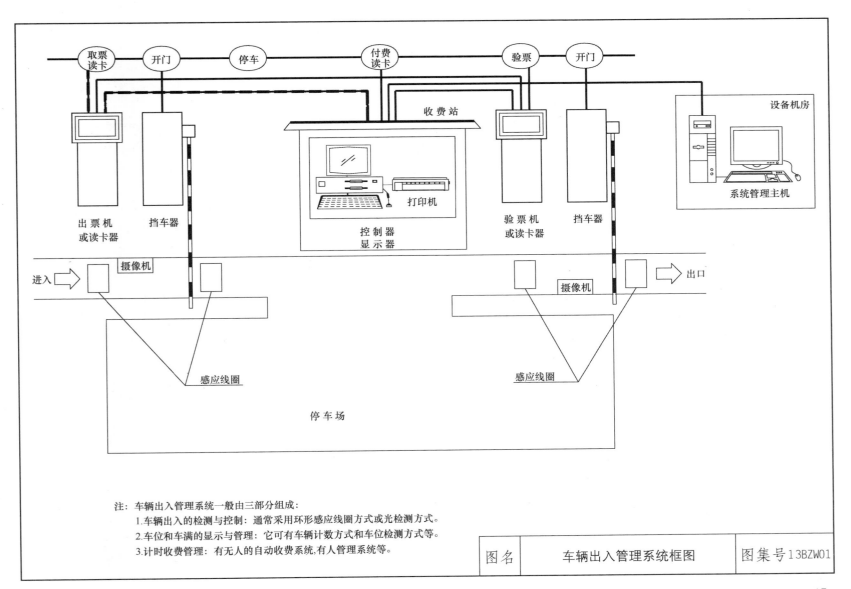

注：车辆出入管理系统一般由三部分组成：
　　1.车辆出入的检测与控制：通常采用环形感应线圈方式或光检测方式。
　　2.车位和车满的显示与管理：它可有车辆计数方式和车位检测方式等。
　　3.计时收费管理：有无人的自动收费系统,有人管理系统等。

图名	车辆出入管理系统框图	图集号 13BZW01

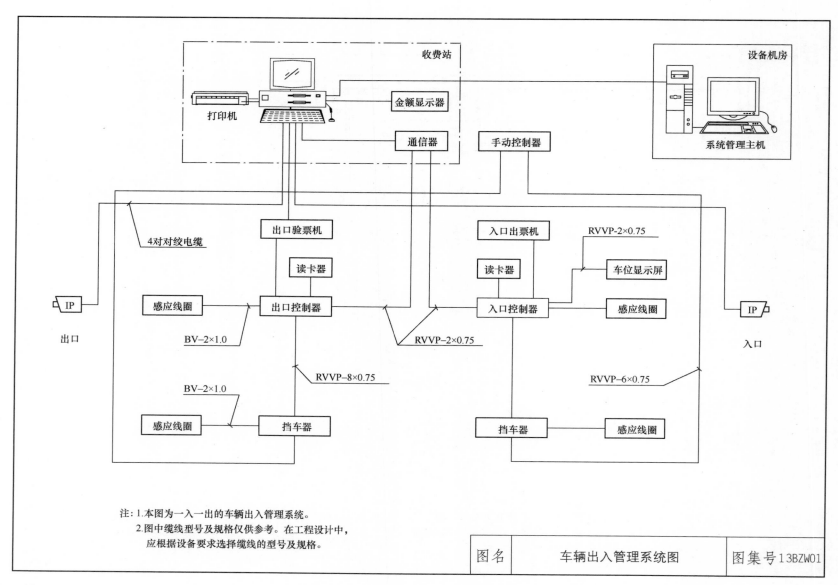

注：1.本图为一入一出的车辆出入管理系统。
2.图中缆线型号及规格仅供参考。在工程设计中，
　应根据设备要求选择缆线的型号及规格。

图名	车辆出入管理系统图	图集号 13BZW01

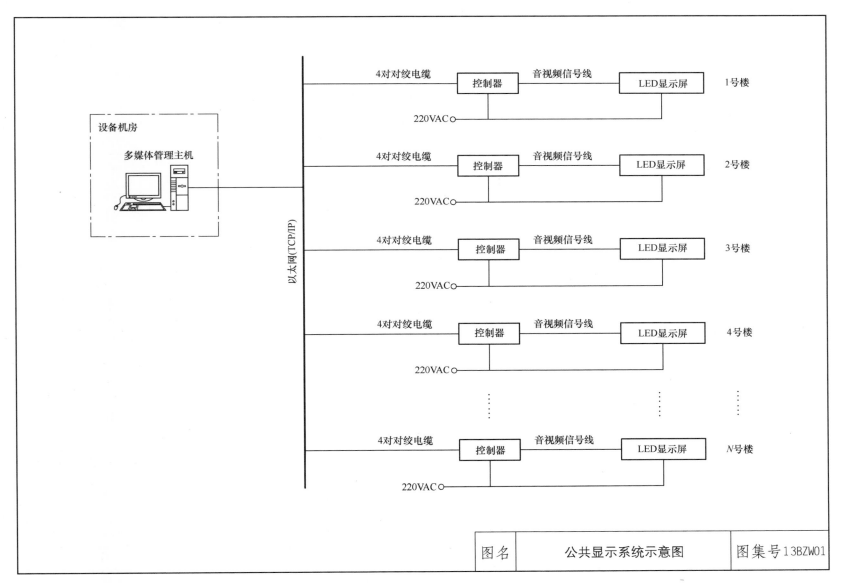

图名	公共显示系统示意图	图集号 13BZW01

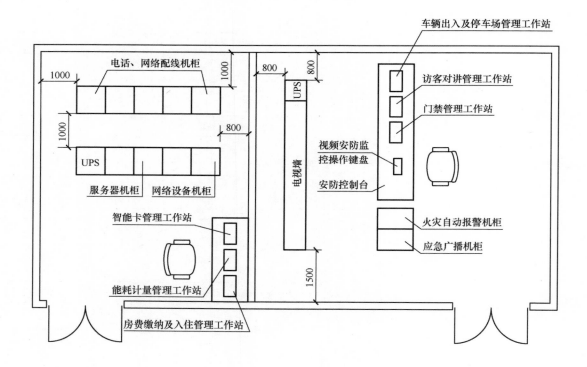

车辆出入及停车场管理工作站

电话、网络配线机柜

1000

1000

1000

800

800

800

UPS

UPS

访客对讲管理工作站

门禁管理工作站

电视墙

视频安防监
控操作键盘

安防控制台

服务器机柜　网络设备机柜

智能卡管理工作站

1500

火灾自动报警机柜

应急广播机柜

能耗计量管理工作站

房费缴纳及入住管理工作站

注：1.本图机房设备布置仅供参考，在工程设计中应根据管理要求、实际设备数量进行布置。
　　2.机房设备布置应符合《安全防范工程技术规范》GB 50348、《火灾自动报警系统设计规范》GB 50116、
　　　《电子信息系统机房设计规范》GB 50174的规定。
　　3.电视墙上的监视器到操作人员之间的距离宜为屏幕对角线的4～6倍。

| 图名 | 设备机房布置示意图（一） | 图集号 | 13BZW01 |

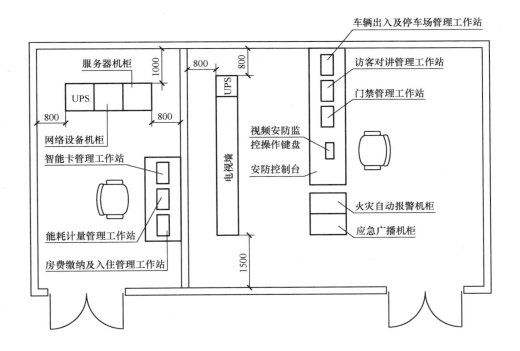

车辆出入及停车场管理工作站

访客对讲管理工作站

门禁管理工作站

视频安防监控操作键盘

安防控制台

火灾自动报警机柜

应急广播机柜

服务器机柜

UPS

网络设备机柜

智能卡管理工作站

能耗计量管理工作站

房费缴纳及入住管理工作站

电视墙

UPS

注：1.本图机房设备布置仅供参考，在工程设计中应根据管理要求、实际设备数量进行布置。
　　2.机房设备布置应符合《安全防范工程技术规范》GB 50348、《火灾自动报警系统设计规范》GB 50116、
　　　《电子信息系统机房设计规范》GB 50174的规定。
　　3.电视墙上的监视器到操作人员之间的距离宜为屏幕对角线的4～6倍。

| 图名 | 设备机房布置示意图（二） | 图集号 13BZW01 |

附录

浙江达峰科技有限公司公共租赁住房小区智能化系统解决方案

图名	附录	图集号 13BZW01

一、公司简介

浙江达峰科技有限公司成立于1997年，注册资金2200万，经营规模超5亿，是从事智能家居、智能楼宇、智能终端等智慧社区产品的研发、生产、销售的国家级高新技术企业，是中国智慧社区产业联盟理事长单位。

■公司先后通过ISO 9001、ISO 14000、TS 16949认证和3C认证。

■目前执行TS16949质量管理体系。

■公司拥有省级研发中心，共有研发人员100多人。

■公司设有智慧社区院士工作站。

■产品以设计新颖、安全可靠、抗干扰能力强、稳定性好而著称。

■公司在智能楼宇、智慧社区先后完成了杭州枫华府第、华源发展大厦、兰庭国际、广利大厦、绍兴鉴湖景园等几十个工程项目，并长期与东北大学、广州广联数字家庭技术研究院、浙江大学等建立战略合作关系。荣获：2012年度智能家居行业十大应用风向奖，2013—2014年度数字家庭金凤凰奖，2013国家人居环境与城市建设精瑞奖，浙江省智慧城市促进会颁发的"先进单位"。

二、公司主要产品

1. 智能家电系统

整套智能家电管理解决方案，集家电的智能控制、智能反馈、能源管理、故障管理等功能于一体，为客户提供多种功能的选择。

2. 智能家居系统

完善的整套智能家居解决方案，包括智能家电、灯光、窗帘、环境传感器、家庭安防报警、可视对讲、门禁、居家养老等子系统；具有便捷的智能手机、PAD等移动操作终端、云服务平台。

3. 智慧社区系统

全套智慧社区系统解决方案，通过信息化管理，整合社区内居住者和管理者需求，实现各个子系统的互联互通，提供综合的社区服务和社区管理功能，提高小区居住舒适性、便利性和安全性。

三、公共租赁住房小区智能化系统解决方案

公共租赁住房管理系统，重点是楼宇门禁和管理中心，它实现二个基本特征。第一，对住户进行持续有效的管理，"不符合公租房居住要求者不能入住，符合居住要求但长期逾期拖欠房租者限制入住权利"。第二，可以接入多表远程抄系统和停车场管理等多个子系统，实现一卡通功能。

1. 公共租赁住房管理系统组成与功能

公共租赁住房管理系统包括用户管理子系统、收费管理子系统、楼宇门禁子系统、家庭安防子系统、停车场子系统、智能抄表子系统。

公共租赁住房管理系统框图见第56页。

2. 管理中心软件平台

管理中心软件平台是整个社区系统的核心部分，收集多

图名	附录	图集号 13BZW01

源的社区信息，进行数据分析处理，集成社区的管理、服务等应用。同时管理软件能够通过网络发布到云平台，通过云平台给相关部门反馈小区基本信息，以及小区管理和运营情况。云平台可以汇集和统计所有的住宅小区管理情况，各小区的分布可以跨市跨省。管理中心包括管理社区基础资料、提供社区服务和社区管理，以及安全防范等的信息存储、查询统计和信息发布。此外，平台还负责异常事件的识别和预警功能，能够收集各子系统、各设备的故障信息，便于整个系统运维工作。

特点及优势：

■ 信息的采集和使用方式改变，包括自动采集、自动和实时发布、信息共享和综合查询，这些技术的使用将极大提高管理效率，并降低管理成本。

■ 系统采用模块化的设计，可以方便不同公租房用户根据自己的需求，选择应用模块和范围。

■ 采用 B/S 的系统架构，可以实现系统零维护，同时不用用户安装软件，降低应用门槛和维护费用。

■ 采用云平台技术，可以满足大数据的运算能力需求，并提供安全的数据管理以及弹性的应用服务。

■ 采用手机端/平板端的应用技术，可以提供 7×24h 的不间断移动应用模式，大大提高了应用的及时性、扩大了应用范围和增强了应用的便利性。

■ 采用一卡通技术，可以将楼宇门禁管理、停车场管理等有效地集成，方便了用户的使用和小区的集中管理。

公共租赁住房管理中心软件平台功能见第 57 页。

3. 用户（居住人员）管理子系统

■ 完善的用户信息管理系统，录入用户的基本信息，对小区住户进行统一管理，从住户入住，到住户退租，进行实时跟踪。

■ 具有联动门禁系统的生物体征识别系统，判断出可能不符合居住条件的用户，进行人工干预，防止申请人和实际居住人不一致的情况。

■ 能够查询现有住户情况，入住信息，计划退租情况，各种费用情况。

■ 能够对住户人员的流动实时监测，界面一目了然，方便管理人员查看。

用户（居住人员）管理系统主流程见第 58 页。

4. 收费管理子系统

费用包括租赁费、物业费、能耗费、水电气费等。

■ 通过管理平台和信息发布系统，将承租人的欠费信息发送到可视对讲室内机，通过手机短信告知住户。

■ 在承租人刷卡的时候，得到欠费的语音提示。

■ 逾期不交房租费和其他费用的承租人，将被取消 IC 卡单元楼门禁权限。

■ 承租人也可以通过室内机查询到自己的费用情况，提前知道自己费用到期的时间。

■ 构建一个住户信用体系，小区居民的信用评级。

收费管理子系统主流程见第 58 页。

图名	附录	图集号 13BZW01

5. 楼宇门禁子系统

楼宇门禁包括小区单元楼门口机，家庭室内机，单元楼电控锁，家庭入户联网型门锁。

■ 访客可以通过呼叫业主，实现呼叫，接听，通话，开锁，留言等功能；业主可以通过可视对讲和管理中心对呼，通话等功能。

■ 用户在刷卡入单元门时，以及为访客开门的同时，能够抓拍到业主访客人脸，备份到管理中心，管理中心能够对人脸进行识别和对比，并且能够统计出人脸识别不符的清单，按照相应的规则处理。

■ 用户需刷卡或输入密码进入住户门，当用户逾期不缴纳租金，将被停用刷卡入户的权限。

■ 当遇到破坏门锁，非法开门等报警事件，管理中心能自动感知，并派工作人员核实，自动通过短信系统向业主手机发送报警短信。

■ 卡种类分为住户卡、管理人员卡、临时卡、无效卡、非法卡。只有住户卡能够打开房门，如果发现非法卡，管理中心会发出警告，值班人员能够及时发现。

■ 管理中心提供完善密码管理机制，卡号管理机制，卡号发放，挂失注销，权限配置等，任何刷卡记录都会被记录在管理中心。

楼宇门禁系统图见本第 59 页。

6. 家庭安防子系统

房间里配置煤气、烟雾传感器和手动报警按钮。房间内发生煤气泄漏、火灾等突发事件，会自动报警，家中有突发事件，住户可以手动报警，管理中心值班人员通过管理平台提示以后，可以采取应急措施，值班人员去房间巡视，保证住户生命财产安全。对于房间以外的紧急事件，管理中心能够选择用户范围，将紧急信息传达到每家每户的室内机，楼宇门禁室内机会响起报警铃声；使人员得到疏散。

家庭安防系统图见第 60 页。

7. 停车管理子系统

本系统直接给住户的 IC 卡授予停车权限，刷卡进出停车场；另外可以发放临时卡，对外来车辆进行管理。系统可查询车位使用情况，车辆数量、空余车位等。

停车场管理系统图见第 61 页。

8. 智能抄表子系统

智能抄表子系统主要产品包括了四表（水表、电表、燃气表、热能表），集中器和管理平台；抄表系统支持 M-BUS 接口，采用国标协议，根据管理中心抄表数据，发送缴费通知到住户手机和家庭室内机，住户也可以在室内机或登录管理中心平台，查询四表用量和费用情况。

智能抄表系统图见第 61 页。

图名	附录	图集号	13BZW01

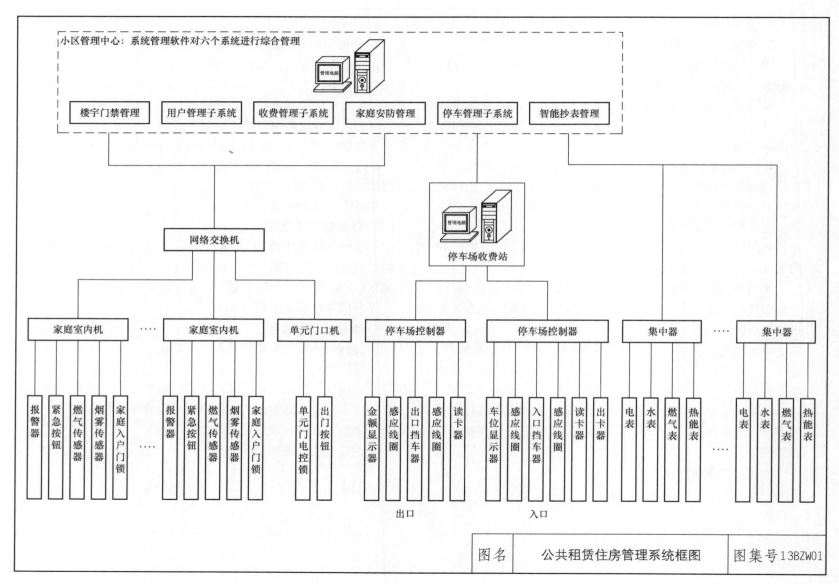

图名	公共租赁住房管理系统框图	图集号 13BZW01

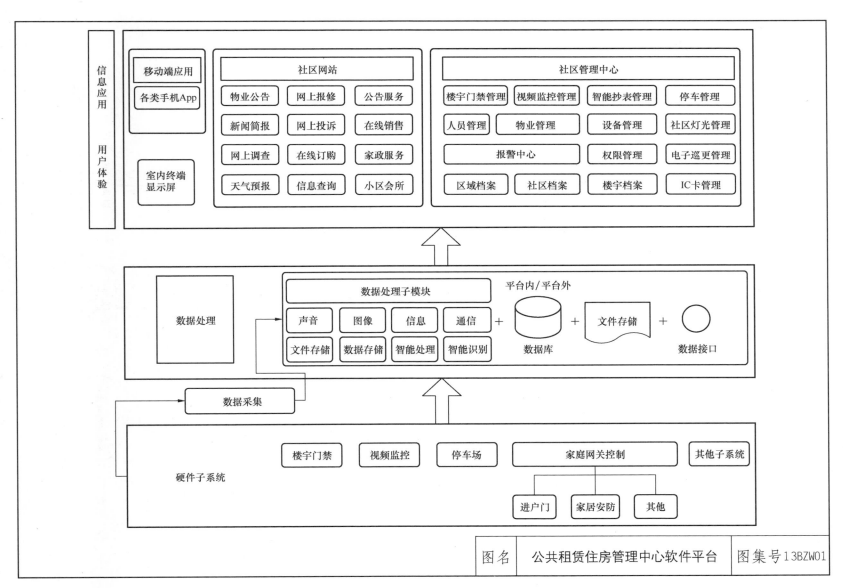

| | 图名 | **公共租赁住房管理中心软件平台** | 图集号 | 13BZW01 |

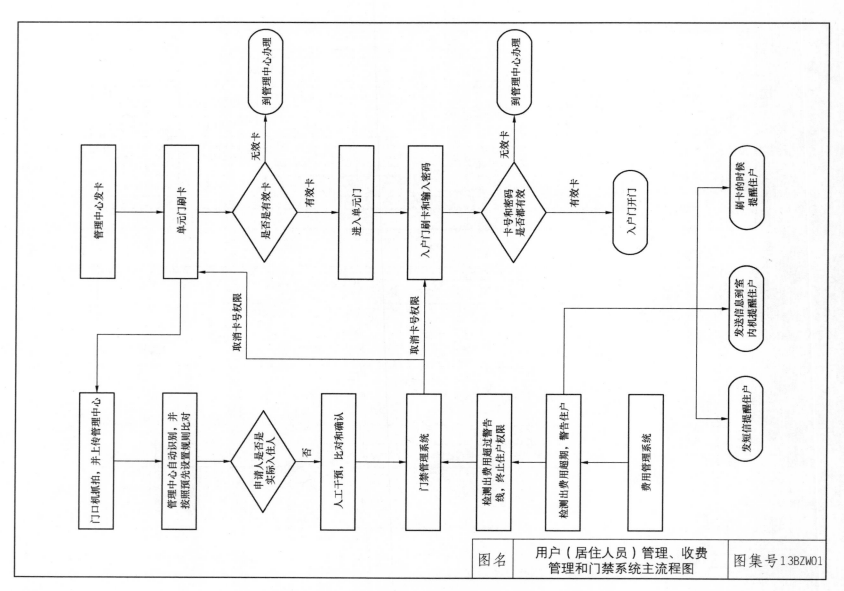

| 图名 | 用户（居住人员）管理、收费
管理和门禁系统主流程图 | 图集号 | 13BZW01 |

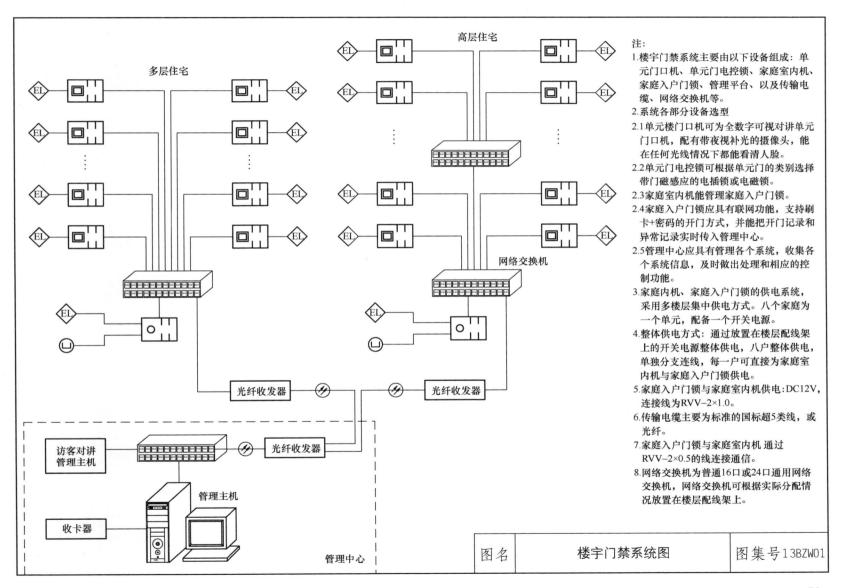

注:
1. 楼宇门禁系统主要由以下设备组成：单元门口机、单元门电控锁、家庭室内机、家庭入户锁、管理平台、以及传输电缆、网络交换机等。
2. 系统各部分设备选型
2.1 单元楼门口机可为全数字可视对讲单元门口机，配有带夜视补光的摄像头，能在任何光线情况下都能看清人脸。
2.2 单元门电控锁可根据单元门的类别选择带门磁感应的电插锁或电磁锁。
2.3 家庭室内机能管理家庭入户门锁。
2.4 家庭入户门锁应具有联网功能，支持刷卡+密码的开门方式，并能把开门记录和异常记录实时传入管理中心。
2.5 管理中心应具有管理各个系统，收集各个系统信息，及时做出处理和相应的控制功能。
3. 家庭内机、家庭入户门锁的供电系统，采用多楼层集中供电方式。八个家庭为一个单元，配备一个开关电源。
4. 整体供电方式：通过放置在楼层配线架上的开关电源整体供电，八户整体供电，单独分支连线，每一户可直接为家庭室内机与家庭入户门锁供电。
5. 家庭入户门锁与家庭室内机供电：DC12V，连接线为RVV−2×1.0。
6. 传输电缆主要为标准的国标超5类线，或光纤。
7. 家庭入户门锁与家庭室内机通过RVV−2×0.5的线连接通信。
8. 网络交换机为普通16口或24口通用网络交换机，网络交换机可根据实际分配情况放置在楼层配线架上。

| 图名 | 楼宇门禁系统图 | 图集号 | 13BZW01 |

59

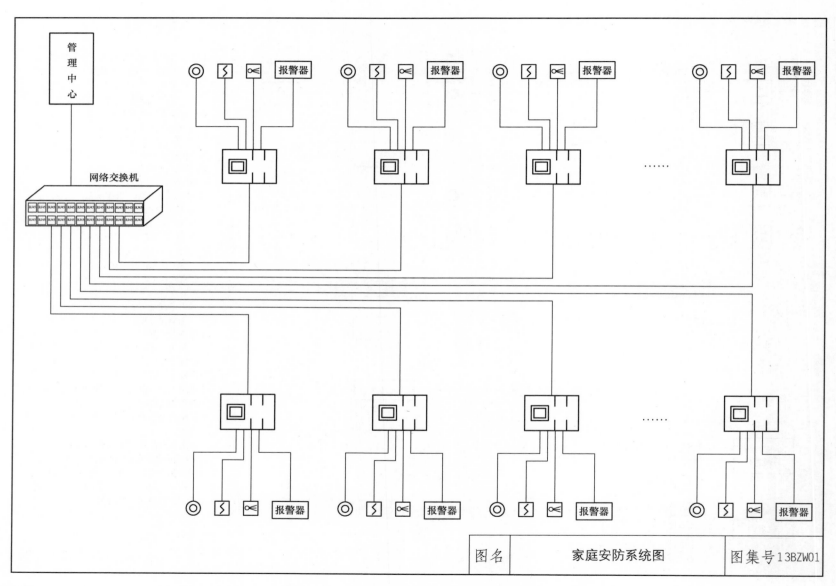

图名	家庭安防系统图	图集号	13BZW01

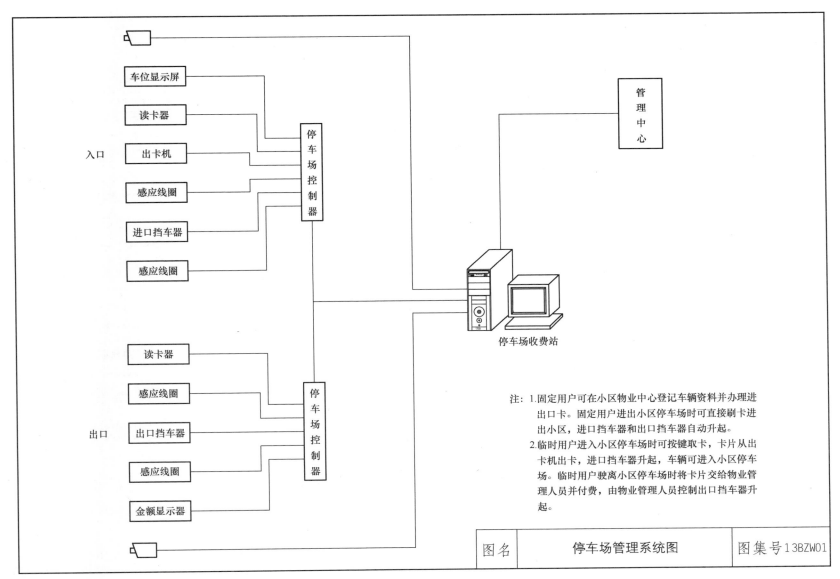

车位显示屏

读卡器

出卡机

感应线圈

进口挡车器

感应线圈

入口

停车场控制器

管理中心

停车场收费站

读卡器

感应线圈

出口挡车器

感应线圈

金额显示器

出口

停车场控制器

注：1.固定用户可在小区物业中心登记车辆资料并办理进出口卡。固定用户进出小区停车场时可直接刷卡进出小区，进口挡车器和出口挡车器自动升起。

2.临时用户进入小区停车场时可按键取卡，卡片从出卡机出卡，进口挡车器升起，车辆可进入小区停车场。临时用户驶离小区停车场时将卡片交给物业管理人员并付费，由物业管理人员控制出口挡车器升起。

| 图名 | 停车场管理系统图 | 图集号 13BZW01 |

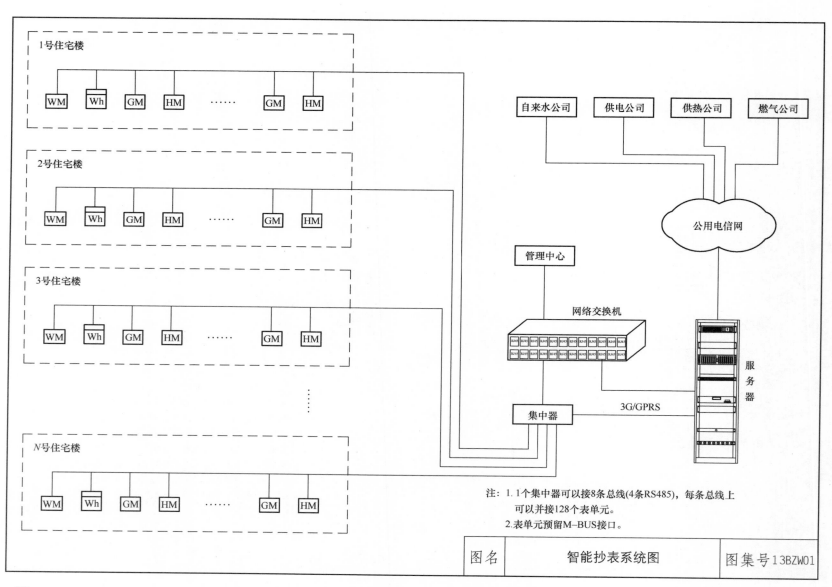

注：1.1个集中器可以接8条总线(4条RS485)，每条总线上
　　可以并接128个表单元。
　　2.表单元预留M-BUS接口。

图名	智能抄表系统图	图集号 13BZW01

设备名称	型 号	技术参数
可视对讲分机（全数字7寸室内机）	DF-VGM-07-10	全数字双向可视对讲，7寸 TFT 屏，分辨率 800×480
		触摸屏＋触摸按键操作
		支持接入紧急求救按钮、燃气、火灾等报警器、防盗等报警探头
		报警发生时能自动呼叫小区呼叫中心，自身也发出报警音，可设置报警延时时间，支持密码布撤防
		一键呼叫管理中心
		集成家庭智能家居控制功能，包括电器、灯光、窗帘等
楼宇对讲系统主机（全数字单元门口机）	DF-VEE-07-10	7寸 TFT 屏，机械按键＋触摸屏双输入
		CMOS 摄像头，支持夜视补光
		支持刷卡，和门锁接入
		支持与室内机、管理中心，双向可视通话
		支持开门记录、非法入侵、报警记录等上传管理中心
访客对讲管理主机（门口卫室机）	DF-VEE-07-10	7寸 TFT 屏
		多按键拨号键盘
		支持监视小区所有门口机
		可视对讲基本功能（呼叫、监视、可视通话），和单元门口机/别墅门口机/免提可视通话
		报警提示功能，接受围墙机和室内机的报警信息（求救报警、火灾报警、燃气报警、防盗报警），管理人员处理后人工消除报警

设备名称	型 号	技术参数
联网式智能电子锁	HD666	自动上锁/手动上锁（带天地杆）
		卡片类型 Mifare 非接触式 IC 卡（13.56M）
		开锁时间：按动把手后，开门一次有效，或不开门 6 秒钟自动上锁
		开锁记录：循环存储最新开锁记录 1000 条，包括机械钥匙开锁，断电不丢失开门记录
		刷卡＋密码组合开门（密码为可选功能）
密码感应智能锁	YGS-8855	自动上锁/手动上锁（带天地杆）
		卡片类型 Mifare 非接触式 IC 卡（13.56M）
		开锁时间：按动把手后，开门一次有效，或不开门 6 秒钟自动上锁
		开锁记录：循环存储最新开锁记录 1000 条，包括机械钥匙开锁，断电不丢失开门记录
		刷卡＋密码组合开门（密码为可选功能）
集中器	DF-GCM-04-01	数据抄读：集中器在抄表时段内集中抄读所属表具数据，实现定时抄读、实时上传、实时抄读、点表抄读及抄表日抄读等
		参数设置：可由主站远程或本地进行设置，包括数据库表号、时钟、抄表时段及启、停抄读等相关参数
		远程监控：支持后台系统远程实时监控，对表具体情况进行分析和控制
		连接及传输距离：集中器下行用屏蔽双绞线连接，支持距离为 1200m；上行通过 RJ45 接口与小区局域网连接

图名	附录	图集号 13BZW01

63

设备名称	型　号	技术参数
单相电子式电能表	DDSY89	远程通信，精确抄读，抄回表内的信息以统计、分析和监测
		通信规约：依据 DL/T 645-2007 或 CJ/T 188-2004
		存储功能：电表断电后数据可保存 10 年以上
		有功电能计量，长期工作无须调整
		反向电量自动计入正向电量
DDS961 型电子式单相电能表	DDS-HMK15	准确度等级：1 级
		数据存储：断电情况下电能表内数据可保存 10 年
		M-BUS 通信接口采用独立电源供电，并具有防静电和浪涌保护电路
三相四线电子式电能表	DTS89	远程通信，精确抄读，抄回表内的信息以统计、分析和监测
		通信规约：依据 DL/T 645—2007 或 CJ/T 188—2004
		存储功能：电表断电后数据可保存 10 年以上
		有功电能计量，长期工作无须调整
		反向电量自动计入正向电量
智能燃气表（远传远控型）	CG-Z-JBM1.6～4.0	远程通信，精确抄读，抄回表内的信息以统计、分析和监测
		存储功能：燃气表断电后数据可保存 10 年以上
		扩展功能：可根据需要内置阀门，扩展远程控制阀门开关功能

设备名称	型　号	技术参数
BZ-WAMR 光路式光电直读远传阀控智能燃气表	G1.6-W G2.5-W G4-W	光路式光电直读技术，内置阀门，流量范围 0.016～6.0m³/h
		燃气表日常工作无须供电，免除用户更换电池的麻烦和成本
		远程控制内置阀门的开关，可单独切断和恢复单一用户的燃气供应，保障收费、保证安全
		抗强磁、强光干扰
		采用欧洲标准 M-bus 通信接口和 EN13757 通信协议，协议规范，通信距离达 3000m
		光路式光电直读技术，国家发明专利，结构合理，保障长期可靠性
FQ 型智带阀控能燃气表	ZDKQ-D1.6L	直读式带阀控燃气表：常用流量 1.6m³/h、山城基表、铁壳、右进气、红外透射方式、带阀控、CJ/T 188
		自动记忆码轮位置，无须初始化
		不受外部强磁攻击，抗干扰性能极高
		采用 M-bus 通信接口，通信距离远
		日常工作无须供电，使用寿命长
FQ 型智能燃气表	ZDQ-D1.6L	直读式带阀控燃气表：常用流量 1.6m³/h、山城基表、铁壳、右进气、红外透射方式、带阀控、CJ/T 188
		自动记忆码轮位置，无须初始化
		不受外部强磁攻击，抗干扰性能极高
		采用 M-bus 通信接口，通信距离远
		日常工作无须供电，使用寿命长

图名	附录	图集号 13BZW01

设备名称	型 号	技术参数
电子式智能水表	LXSZ-15D~25D	远程通信，精确抄读，抄回表内的信息以统计、分析和监测
		通信规约：依据 DL/T 645—2007 或 CJ/T 188—2004
		存储功能：水表断电后数据可保存 10 年以上
		扩展功能：可根据需要内置阀门，扩展远程控制阀门开关功能
电子式智能水表	LXSRIC-15~25	远程通信，精确抄读，抄回表内的信息以统计、分析和监测
		通信规约：依据 DL/T 645—2007 或 CJ/T 188—2004
		存储功能：水表断电后数据可保存 10 年以上
		扩展功能：可根据需要内置阀门，扩展远程控制阀门开关功能
厚膜远传智能表（水表）	LXSY（G)-15~25E-HM	通信协议：符合 CJ/T 188—2004 户用计量仪表数据传输技术条件；理论传输距离：MBUS，连线为 1200m，具体要根据现场确定
		MBUS 由电源适配器供 36V 电源
		每只表都有唯一的地址码对应，系统可以识别每只表具。传感器采用先进的多级厚膜电路做为无源传感器件，根据水表不同的示值读数，实时输出相对应的电量信号
厚膜远传智能表（热量表）	LXSY（G)-15~25E-HM（热）	通信协议：符合 CJ/T 188—2004 户用计量仪表数据传输技术条件；理论传输距离：MBUS，总线为 1200m，具体要根据现场确定

设备名称	型 号	技术参数
厚膜远传智能表（热量表）	LXSY（G)-15~25E-HM（热）	MBUS 由电源适配器供 36V 电源
		每只表都有唯一的地址码对应，系统可以识别每只表具。传感器采用先进的多级厚膜电路做为无源传感器件，根据水表不同的示值读数，实时输出相对应的电量信号
FS-Z 智能水表	ZDS-15~25	远程通信，精确抄读，抄回表内的信息以统计、分析和监测
		通信规约：依据 DL/T 645—2007 或 CJ/T 188—2004
		存储功能：水表断电后数据可保存 10 年以上
		扩展功能：可根据需要内置阀门，扩展远程控制阀门开关功能
		自动记忆码轮位置，无须初始化
RLB-C 型热量表	RLBC-M20TY	通信协议：符合 CJ/T 188—2004 户用计量仪表数据传输技术条件；理论传输距离：MBUS 总线为 1200m，具体要根据现场确定
		温度传感器断路和短路报警关阀
		M-BUS 通信接口，通信距离远
12V 直流电源	DR-120-12	输入电源范围 176~264VAC
		直流电压可调范围为额定输出电压的 ±10%
		输出 12V，0~10A；效率 80%；功率 120W
		联网功能：通过 RS485 线与网关相连
12V 直流电源	MS-120-12	输入电源范围 170~264VAC
		直流电压可调范围为额定输出电压的±10%
		输出 12V，0~10A；效率 81%；功率 120W

图名	附录	图集号 13BZW01

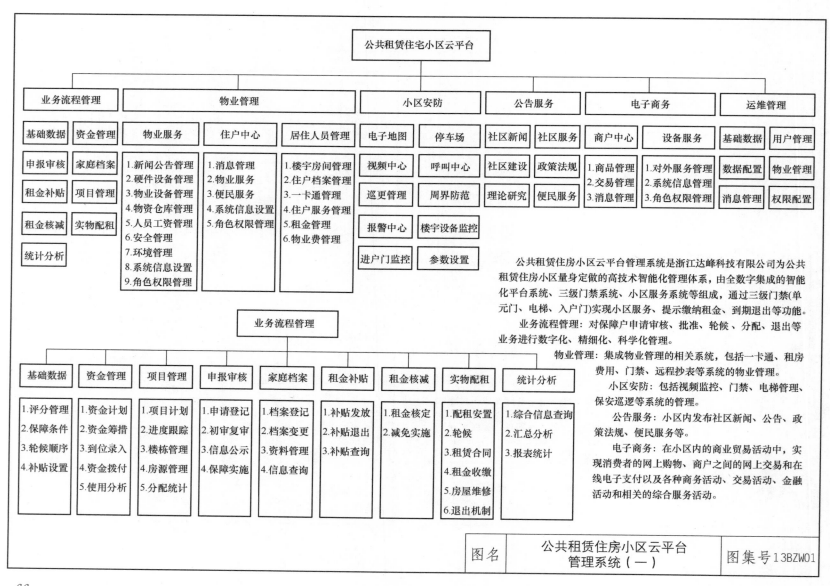

公共租赁住宅小区云平台

业务流程管理 | 物业管理 | 小区安防 | 公告服务 | 电子商务 | 运维管理

基础数据　资金管理
申报审核　家庭档案
租金补贴　项目管理
租金核减　实物配租
统计分析

物业服务
1.新闻公告管理
2.硬件设备管理
3.物业设备管理
4.物资仓库管理
5.人员工资管理
6.安全管理
7.环境管理
8.系统信息设置
9.角色权限管理

住户中心
1.消息管理
2.物业服务
3.便民服务
4.系统信息设置
5.角色权限管理

居住人员管理
1.楼宇房间管理
2.住户档案管理
3.一卡通管理
4.住户服务管理
5.租金管理
6.物业费管理

电子地图　停车场
视频中心　呼叫中心
巡更管理　周界防范
报警中心　楼宇设备监控
进户门监控　参数设置

社区新闻　社区服务
社区建设　政策法规
理论研究　便民服务

商户中心
1.商品管理
2.交易管理
3.消息管理

设备服务
1.对外服务管理
2.系统信息管理
3.角色权限管理

基础数据　用户管理
数据配置　物业管理
消息管理　权限配置

业务流程管理

基础数据
1.评分管理
2.保障条件
3.轮候顺序
4.补贴设置

资金管理
1.资金计划
2.资金筹措
3.到位录入
4.资金拨付
5.使用分析

项目管理
1.项目计划
2.进度跟踪
3.楼栋管理
4.房源管理
5.分配统计

申报审核
1.申请登记
2.初审复审
3.信息公示
4.保障实施

家庭档案
1.档案登记
2.档案变更
3.资料管理
4.信息查询

租金补贴
1.补贴发放
2.补贴退出
3.补贴查询

租金核减
1.租金核定
2.减免实施

实物配租
1.配租安置
2.轮候
3.租赁合同
4.租金收缴
5.房屋维修
6.退出机制

统计分析
1.综合信息查询
2.汇总分析
3.报表统计

公共租赁住房小区云平台管理系统是浙江达峰科技有限公司为公共租赁住房小区量身定做的高技术智能化管理体系，由全数字集成的智能化平台系统、三级门禁系统、小区服务系统等组成，通过三级门禁(单元门、电梯、入户门)实现小区服务、提示缴纳租金、到期退出等功能。

业务流程管理：对保障户申请审核、批准、轮候、分配、退出等业务进行数字化、精细化、科学化管理。

物业管理：集成物业管理的相关系统，包括一卡通、租房费用、门禁、远程抄表等系统的物业管理。

小区安防：包括视频监控、门禁、电梯管理、保安巡逻等系统的管理。

公告服务：小区内发布社区新闻、公告、政策法规、便民服务等。

电子商务：在小区内的商业贸易活动中，实现消费者的网上购物、商户之间的网上交易和在线电子支付以及各种商务活动、交易活动、金融活动和相关的综合服务活动。

图名	公共租赁住房小区云平台 管理系统（一）	图集号 13BZW01

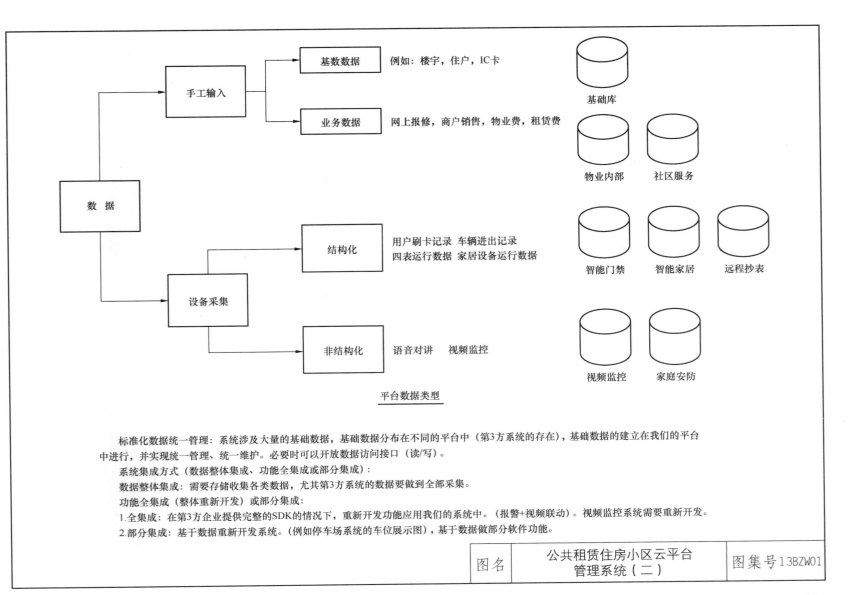

平台数据类型

标准化数据统一管理：系统涉及大量的基础数据，基础数据分布在不同的平台中（第3方系统的存在），基础数据的建立在我们的平台中进行，并实现统一管理、统一维护。必要时可以开放数据访问接口（读/写）。

系统集成方式（数据整体集成、功能全集成或部分集成）：

数据整体集成：需要存储收集各类数据，尤其第3方系统的数据要做到全部采集。

功能全集成（整体重新开发）或部分集成：

1.全集成：在第3方企业提供完整的SDK的情况下，重新开发功能应用我们的系统中。（报警+视频联动）。视频监控系统需要重新开发。

2.部分集成：基于数据重新开发系统。（例如停车场系统的车位展示图），基于数据做部分软件功能。

图名	公共租赁住房小区云平台 管理系统（二）	图集号 13BZW01

平台一站式服务-门户网站

图名	公共租赁住房小区云平台 管理系统（三）	图集号 13BZW01